KEVIN McCLOUD

KREATIVE RAUMGESTALTUNG

Grundlagen, Techniken, Schritt-für-Schritt-Anleitungen

Fotos:
Michael Crockett

BLV

Für Grace

Die Deutsche Bibliothek – CIP-Einheitsaufnahme

Kreative Raumgestaltung : Grundlagen, Techniken, Schritt-für-Schritt-Anleitungen / Kevin McCloud. Fotos: Michael Crockett. [Übers. aus dem Engl.: Alwine H. Schuler]. – München ; Wien ; Zürich : BLV, 1996
Einheitssacht.: The techniques of decorating <dt.>
ISBN 3-405-14947-9
NE: McCloud, Kevin; Crockett, Michael; Schuler, Alwine H. [Übers.];

Ein Dorling Kindersley Buch

BLV Verlagsgesellschaft mbH
München Wien Zürich
80797 München

Titel der englischen Originalausgabe:
The Techniques of Decorating

Übersetzung aus dem Englischen: Alwine H. Schuler
Lektorat: Marianne Heilmannseder
Herstellung: Sylvia Hoffmann
Satz und DTP: Studio Pachlhofer, Tirol
Einband: Sander & Krause, München

Printed in Singapore · ISBN 3-405-14947-9

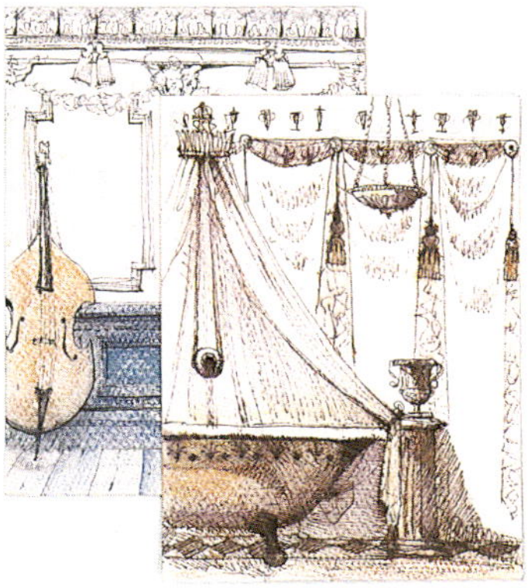

KREATIVE RAUMGESTALTUNG

INHALT

WERKZEUGE, MATERIALIEN UND NÜTZLICHE HINWEISE

Werkzeuge

Materialien

Nützliche Hinweise

GEZIELT VORGEHEN

Die Kunst des anspruchsvollen Dekorierens war sehr lange in Vergessenheit geraten. Statt dessen wurden die Räume von einer Überfülle alles beherrschender Strukturen geprägt. Wenn Sie sich jedoch bei Ihrem Dekorationsvorhaben für nur einen Teil einer Wand entscheiden (hierfür wählte ich einen selbstklebenden Fries), können Sie durch die Kombination von Textur und Farbe einen hinreißenden Blickfang erzielen und aus dem einfachsten Raum etwas Besonderes machen.

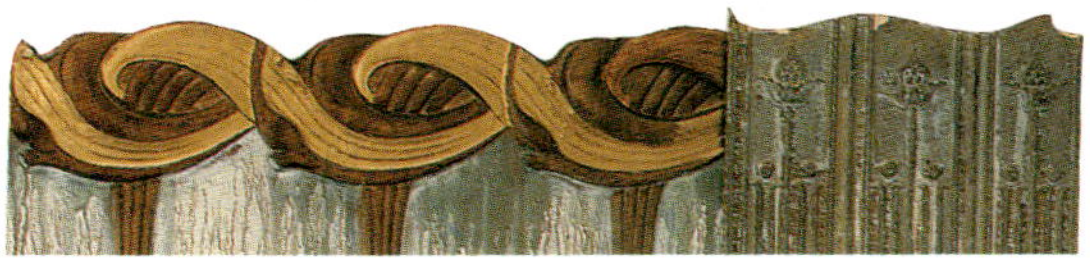

EINFÜHRUNG

Das Dekorieren kann als oberflächliche Tätigkeit bezeichnet werden – eine an der Oberfläche bleibende, oft nur für die Dauer einiger Jahre gedachte und für unsere Existenz nicht unbedingt notwendige. Aber sie kann viel Freude bringen. Warum also nicht gute Dekoration ebenso schätzen lernen wie gutes Essen? Der Zeitgeschmack für Dekoratives spiegelt ein neues Bewußtsein für gutes Design, ein wieder gewachsenes Vertrauen in die Anwendung prächtiger und komplex wirkender Dekorationen wider. Es besteht aber auch ein größeres Interesse an einer breiten Produktionspalette von Herstellern, die allein im Textilbereich, von der Reproduktion mittelalterlicher Damaststoffe über Brokatgewebe des 18. Jahrhunderts bis zum viktorianischen Arts-and-Crafts-Design und Ethno-Webereien, alles produzieren. Das gleiche gilt für Möbel, Zubehör und Fittings.

Ein Raum ist mit Farbe und einfachen Elementen wie Holzzierleisten im großen und ganzen preiswert und schnell zu verändern, da es nur um eine Oberflächengestaltung geht.

Kaufen Sie dekorative Details, um aufwendige Dekorationen zu umgehen.

Obwohl die in diesem Buch vorgestellten Techniken etwas mehr Zeit in Anspruch nehmen als einfache Dekorationen, werden die erzielten anspruchsvollen Effekte Ihre Mühen mehr als wettmachen. Zudem hat das Arbeiten mit Anstrichen und Selbstklebekomponenten die erfreuliche Seite, daß nichts unwiderruflich ist: Sie können jederzeit Teile eines Arrangements abnehmen, austauschen oder nach einigen Jahren etwas Neues anfangen. Die Geschichte der Dekorationskunst wird von Imitationen bestimmt. Jahrhundertelang haben Dekorateure teures Material wie Marmor oder handgemalte Details mit Hilfe von Maltechniken oder Papierausschnitten täuschend echt nachgeahmt. Nur mit Spezialeffekten und unerwarteten Materialien kann das Dekorationshandwerk die Atmosphäre einer Epoche oder eines Ortes herstellen und ist damit reine Nachahmung – ein Grund zur Freude, denn Dekorieren sollte Spaß machen!

ZU IHREM VORTEIL

Mit nur einigen einfachen Schritten wird das grundlegendste Material eine stimmungsvolle und originelle Dekoration schaffen, die den Extrazeitaufwand bei weitem lohnt.

WIRKUNGSVOLLE EXTRAS

Mit nur ein oder zwei sorgfältig ausgewählten Dingen können Sie typische Akzente für eine bestimmte Epoche oder einen speziellen Ort setzen. Diese bestimmenden Elemente, z. B. dreidimensionale Ornamente oder gar zweidimensionale Fotokopien, sollten so plaziert sein, daß sie zu einem Blickfang werden.

Warum nicht marmoriertes Geschenkpapier für ein Fries benützen?

Meine Vorstellungen von Dekoration stehen denen von William Morris, dem viktorianischen Kunstgewerbler und -schriftsteller, nahe. Er schrieb, daß gute Dekoration »das Gepräge der Fantasie trägt« und »etwas ist, das von vielen Leuten ohne allzu große Schwierigkeiten und mit Freude ausgeführt werden kann«. Beim Dekorieren können Sie Ihrer Fantasie absolut freien Lauf lassen. Das Vergnügen, das Sie jedesmal beim Betreten eines Raumes haben, entspringt dann dem befriedigenden Wissen, daß er die Atmosphäre Ihrer Lieblingsepoche hat – oder extravagant und theatralisch wirkt (warum nicht ein Eß- oder Wohnzimmer, in dem Sie Ihre Gäste bewirten?). Diese Art dekorativer Ausstattung zeigt hinsichtlich des Geschmacks Ihre geheimen Schwächen, was jedoch problemlos ist, da es sich nicht um öffentliche Kunst wie Architektur handelt. Es ist Privatsache. Dekorieren Sie also zu Ihrem Vergnügen und nicht nach einem Schema, das Ihnen Ihre Umwelt vorgibt. Ich möchte Ihnen mit diesem Buch helfen, zuversichtlich Ihren eigenen Weg zu gehen, ausgerüstet mit den Grundlagen, Techniken und Spezialtips fürs Dekorieren.

Verzierungen und Themen sind verschiedenen Epochen oft gemeinsam.

MIT FARBEN ARBEITEN

Maltechniken und ab und zu spezielles Arbeitsgerät können in einem Raum Wunder wirken, da sie schlichten Oberflächen ein unvermutetes Finish geben. Wände können das staubige Aussehen von Terrakotta erhalten, Plastikornamente den Schimmer von verblichenem Gold, und leichtes Harz kann auf das Auge wie schwerer Stein wirken. Dieses gemalte Grausteingesims korrespondiert mit der im Stil des 16. Jahrhunderts italienisch gestylten modernen Lampe und der aufgeklebten Fotokopie einer alten florentinischen Intarsie, die bei der Dekoration eines Ganges miteinander kombiniert wurden.

Ideensammlung

Kein Raum gleicht dem anderen, so daß sich das Dekorieren in jedem anders gestaltet. Mit der Deckenhöhe und Anzahl der Fenster variiert auch das Licht. In manche Räume paßt ein Mobiliar, das nirgendwo sonst stehen könnte.

Alle diese Besonderheiten beeinflussen die Erstellung eines Dekorationsplans. Im Abschnitt »Techniken des Dekorierens« werden Sie Räume erleben, die dicht oder spärlich möbliert sind, groß oder klein wirken. Jeder von ihnen vermittelt eine starke optische Aussage, die manchmal ein Problem kaschiert oder aus der Not eine Tugend macht.

Einen Raum verwandeln

Für das Wohnzimmer eines Hauses aus dem späten 19. Jahrhundert (siehe Foto unten) entwarf ich ein neues Dekorationsschema. Auf Seite 15, rechts unten, können Sie sehen, wie der Stil dieses Raums der Arts-and-Crafts-Bewegung der damaligen Zeit nachempfunden wurde, wobei einiges des hier gezeigten inspirierenden Materials berücksichtigt wurde.

Ideen sammeln

Für Ihr Dekorationsschema gibt es eine Fülle von Anregungen in Zeitschriften, Büchern, Gemälden oder gar von einem Stück Keramik. Blättern Sie alte Bücher durch, und sammeln Sie inspirierende Bilder und ansprechende Farbanordnungen, immer unter Berücksichtigung der Art Ihres Raums und der Epoche Ihres Hauses. Sie können auch Gegenstände sammeln, die es Ihnen besonders angetan haben, aber auch Farbtonmuster oder Muster von Papieren, Stoffen und Fußbodenbelägen. Wenn Sie so Ihre kleine Sammlung zusammentragen, wird die Individualität des Raums klarer werden.

Von vorn beginnen

Es ist sehr hilfreich, zur Klärung des Dekorationsproblems eine Aufnahme vom betreffenden Raum zu machen und als Anhaltspunkt beim Sammeln von Ausschnitten und anderen inspirierenden Dingen zu verwenden. Mit einer Farbfotografie vor Augen lassen sich die Probleme etwas relativieren. Und mit einem Filzschreiber können Änderungsvorhaben vor Beginn der eigentlichen Dekoration direkt auf dem Foto eingezeichnet werden.

Fotoaufnahme des Raums vor der Dekoration

Zeitschriftenausschnitte

Farbtonmuster

Stoff in zeitgenössischem Design und Farben

Inspirierende Gegenstände, Wand- und Fußbodenbeläge

Steinplatte für
einen Kaminvorplatz

Schablonenmuster
für einen Kamin

Muster
einer Tapete

Endanstrich
für eine
Vertäfelung

Zur Tapete
passende
Farbmuster

Mustertafel von »gekalktem«
Holzboden

Letzte Überlegungen

Beim Ideensammeln sollte auch an das Zusammenspiel der ausgewählten Elemente gedacht werden. Überlegen Sie, wie die Farben zusammenwirken. Denken Sie an die Kombination natürlicher Oberflächen wie Putz und Holz oder bearbeiteter Oberflächen wie poliertes Holz und Marmor. Wenn Sie vielleicht ein »benutzerfreundliches« Finish für Ihre Anstriche möchten, denken Sie an einen leichten Alt- oder Antikeffekt. Sollen Oberflächen kombiniert werden, ist es immer sinnvoll, Mustertafeln der beabsichtigten Flächen vor Beginn der Arbeiten zu erstellen.
Bei der unten gezeigten Dekoration kombinierte ich eine Arts-and-Crafts-Tapete im Stil des 19. Jahrhunderts mit hoher Vertäfelung aus farbgetünchtem Holz. Das Ergebnis ist ein bescheidener Raum mit lichtreflektierenden Farben, in dem die natürlichen Eigenschaften des Holzes ein Gefühl der Gemütlichkeit und Geborgenheit entstehen lassen.

Historische Farben

Bei der Wahl Ihres Dekorationsschemas möchten Sie sicher die Farben der Epoche verwenden. Etliche Firmen stellen spezielle Anstriche in »historischen« Farben her, doch diese sind nicht immer genau. Die Hersteller beziehen sich gewöhnlich auf Analysen von Farbgeschabsel, was jedoch irreführend sein kann, da sich im Lauf der Zeit der Farbton der Pigmente unter Umständen ändert. Außerdem hatten bis in unser Jahrhundert Maler keine Standardrezeptur zur Farbenherstellung, so daß Farbschattierungen je nach Verwendung des lokalen Materials variierten. Demnach ist der Versuch, die ganz genaue Nuance der von Ihnen für authentisch gehaltenen Farbe zu erreichen, eine vergebliche Mühe! Es ist besser, in Annäherungen zu denken und, wie ich es oft beim Auswählen von Farben mache, Farben zu nehmen, die mit der Epoche assoziiert werden. Es gibt einiges Fundmaterial für historische Farben (Zeitschriftenausschnitte, Stoffreproduktionen und Tapeten) neben modernen Standardfarbmustern in ähnlichen Farben.

Blasse klassizistische Farben

Als der Klassizismus Mitte des 18. Jahrhunderts der letzte Schrei in England wurde, erlangten auch die bevorzugten Farben seines Innovators, Robert Adam, Bekanntheit. Gewöhnlich im Kontrast zu Weiß variierten seine gedämpften Farbtöne vom intensiven und schmutzigen Grün und rötlichen Purpurtönen bis zu Pastellkombinationen von exquisiter Zartheit. Blättern Sie in Architektur-Nachschlagewerken, um mehr über seine Farbkombinationen zu erfahren.

Farben des englischen Klassizismus (18. Jh.)

In klassizistischen Farben gemaltes Fries

Der Geschmack des frühen 19. Jahrhunderts

Die französischen und englischen Aquarelle des frühen 19. Jahrhunderts zeigen eine Vorliebe für starke, leuchtende und etwas derbe Farben. Napoleon führte in Frankreich die ägyptischen Farben ein – Anilingelb und satte Erdfarben –, die bald den Geschmack des Kaiserreichs prägten. Dunkles Rosa und Mauve überdauerten das wertvolle Jahrhundert und fanden zusammen mit Schweinfurter Grün Eingang in die englischen Regency-Farbstreifen.

Muster einiger Farben des frühen 19. Jahrhunderts

Die französischen Farben

In Frankreich entwickelte sich um die Mitte des 18. Jahrhunderts eine Vorliebe für kräftige, kreidig wirkende Farben, vor allem der Blau-, Grün- und Rosatöne. Um so nahe wie möglich an die Farben im Zeitschriftenausschnitt (oben rechts) heranzukommen, legte ich diverse Farbmuster auf das Bild.

Muster der Farben um die Mitte des 18. Jahrhunderts

Stoffarben

Original zeitgenössische, unverblichene Stoffe oder Originalreproduktionen sind oft eine ziemlich genaue Orientierung an historischen Farben. Der rechts abgebildete, wegen seines Ockerbrauns und wunderschönen Preiselbeerrots bemerkenswerte Stoff ist die moderne Version eines frühamerikanischen gemusterten Stoffes.

Zum gemusterten Stoff passende Farbmuster

Tapete im Stil des 19. Jahrhunderts

Zur Tapete passende Farbmuster

Zeitschriftenausschnitt eines Raums mit Freskomalerei (18. Jh.)

Mustertafel für Rokokodekor

Tapetenfarben

Das gotische Design des frühen 19. Jahrhunderts (oben) wird noch heute nach den Designer-Spezifikationen hergestellt und gibt einen genauen Hinweis auf die Farbpräferenzen jener Zeit.

Ein Blick auf Pigmente

Die jahrhundertelang unveränderten Grundfarben der Künstlerpalette wurden auch oft von Dekorateuren verwendet. So nehme ich immer noch diese alten Farben in Form von Farbpulvern und Fertiganstrichen wie Emulsionsfarbe.

Der Künstlerölfarbe ähnliches Ultramarinblau

Muster moderner Anstrichfarben

Ultramarin-Künstlerölfarbe (eine alte Palettenfarbe)

Ultramarin-Farbpulver

Farben aus Zeitschriften

Farben an Zeitschriften zu orientieren ist eine ungenaue Methode. Doch mit einigem Geschick kann es gelingen, das Zeittypische zu übertragen. Die Farben für das Rokokozimmer (S. 120 oben links) wurden nach einem Zeitschriftenausschnitt (Raum in Freskomalerei der echten Zeitepoche, oben) kopiert und sind auf der Farbmustertafel hinter dem Zeitschriftenausschnitt zu sehen.

Wandflächenaufteilung

Sobald einige Ideen für die Raumdekoration beisammen sind – vielleicht die Atmosphäre einer bestimmten Epoche oder ein gewisses förmliches Niveau oder ein vervollständigtes Farbschema – befassen Sie sich damit, wie Sie die betreffende Wand aufgliedern wollen.

Eine Wand ist wie eine leere Leinwand, die in unterschiedlicher Weise für die verschiedensten Effekte bearbeitet werden kann. Obwohl Wände flach sind und zumeist zweidimensional behandelt werden, ist die von gestalteten Wänden ausgehende Gesamtwirkung viel stärker als die von Böden oder Decken. Der Grund dafür ist, daß Wände das ganze Zimmer umfassen, also den dazwischen liegenden Raum. Durch Gestaltung der Wandfläche mit Hilfe von Aufteilung, Farbe und Linie kann der Charakter eines Zimmer verändert werden.

In früherer Zeit wurden Wände häufig horizontal z.B. durch Gesimse oder Sockelleisten aufgeteilt. Diese können zur Erzielung unterschiedlicher Effekte einzeln oder zusammen eingesetzt werden und in der Wand ähnlichen oder ergänzenden Farben. Mit dem Wandsockel (Bereich zwischen Fußleiste und Sockelleiste) kann anhand von Farben, Texturen und Strukturen eine klare Abgrenzung zur oberen Wand vollzogen werden.

Böden und Decken

Denken Sie bei der Planung der Wanddekoration auch an Boden und Decke. Die Fußbodenfarbe kann den Farbton der Wand entweder ergänzen bzw. ihre Wirkung verstärken oder aber völlig anders sein und unabhängig im Arrangement wirken.

Decken können auch unabhängig von anderen Strukturen im Raum gleichsam »schweben«, obwohl die Deckenfarbe sowohl die Höhe als auch die Helligkeit eines Raums optisch beeinflussen kann.

WIRKUNGEN DER DECKENFARBE

Aufhellender Effekt *Durch die Wiederholung des leuchtenden Gelbs des Wandsockels an der Decke ergibt sich die Wirkung einer Raumausdehnung, die die Decke höher erscheinen läßt. In der Regel sind lichtreflektierende Farben wie dieses Gelb am besten.*

Verdunkelnder Effekt *Das Blau der Wand wiederholt sich an der Decke und drückt auf den gelben Wandsockel, so daß sich die Raumhöhe zu verkürzen scheint. Dunkle Deckenfarben sollten nur für sehr bunte Zimmern erwogen werden.*

Wirkungen mit Sockeln

HORIZONTALE BEWEGUNG

In diesem rechts abgebildeten Ausschnitt aus einem Barockarrangement (S. 50, links oben) umrandet der dunkel getäfelte Sockel den hellen Boden in geringer Höhe. Der Effekt ist ein schmales grünes Band, dem das Auge horizontal im Raum folgt. Dies erzeugt das Gefühl einer Bewegung, die durch die Quasten und Seile Rhythmus erhält.

FORMELLE UNTERTEILUNGEN

Die schwarz gebeizten Leisten grenzen die Wandteile scharf voneinander ab: den kastanienbraunen Fries, die Wand, den tapezierten Sockel. Die Hauptakteure sind hier der Fries und die hochgezogene Fußleiste, die oben und unten ausgleichende Gegenpole darstellen. Die vertikale Beziehung aller Teile zueinander ist wichtiger als jede horizontale Bewegung, so daß diese Anordnung eine sehr formelle Atmosphäre schafft.

FARBWIEGE

In diesem Arrangement im Stil des 19. Jahrhunderts verbindet sich der hohe vertäfelte Wandsockel mit dem parkettartigen Holzboden zu einer Farbwiege, die die untere Hälfte des Arrangements bestimmt und für eine Geborgenheit und Freundlichkeit ausstrahlende Atmosphäre sorgt. Das von dieser Struktur ausgehende Gefühl der Ruhe und Stille kann auch in ähnlich strukturierten Arrangements völlig anderer Stile erlebt werden.

FARBENGLEICHGEWICHT

Hier benutzte ich einen hohen Wandsockel aus hellem Putz, den eine auf rostig getrimmte Leiste abschließt, um die schwere blaue Wand »abzuwehren«. Ein weniger hoher Sockel wäre durch die Wucht des Blaus erdrückt worden. In der jetzigen Höhe erinnert er an eine Mauer mit einem Nachthimmel darüber. Dies ist ein Beispiel dafür, wie mit der Höhe des Wandsockels ein Gleichgewicht der Farben hergestellt werden kann.

Horizontale Bewegung

Formelle Unterteilungen

Farbwiege

Farbengleichgewicht

Strukturierende Elemente

Stilzierleisten strukturieren eine Wand und bereichern eine Raumdekoration auf besondere Weise. Wenn in Ihrem Haus im Laufe der Modernisierung Gesimse, Friese, Sockelumrandungen und Fußleisten teils herausgerissen worden sind, dann können Sie versuchen, sich von einer ansässigen Holzfabrik passend zu den noch existierenden Teilen Spezialanfertigungen machen zu lassen.

Von vorne anfangen

Wenn es in Ihrem Haus keine authentischen zu restaurierenden (oder nicht mehr reparaturfähige) Elemente gibt, dann nehmen Sie einfach im Handel erhältliche Leisten und kombinieren Sie diese gegebenenfalls zur Imitation aufwendigerer Stilleisten. Das ist nicht nur billiger als eine Spezialanfertigung, sondern kann genauso effektvoll sein. Alle Räume im Abschnitt »Techniken des Dekorierens« wurden mit Materialien und Leisten gestaltet, die zur Zeit von Holz- und Stuckgipslieferanten erhältlich sind.

In früheren Zeiten wurde nur eine begrenzte Anzahl von Leistenornamenten in der westlichen Innendekoration verwendet. Diese haben sich nur im Maßstab und in ihrer Kombination von einer Epoche zur anderen verändert. Moderne Hersteller produzieren meist Standardstilleisten in vielen verschiedenen Größen, die es erlauben, geeignete Ausführungen zu finden. Hier sehen Sie eine Auswahl an Leisten.

Shaker-Stil

Die amerikanischen Shaker achteten sehr auf jedes einzelne Detail in ihrem Leben. Die Gestaltung ihrer Räume diente nicht optischen Zwecken, sondern entsprach rein zweckmäßigen Gründen. Im unten abgebildeten Shaker-Raum bildete ich die in Häusern von Shakern vorgefundenen Leisten nach, indem ich sie sorgfältig mit einigen im Handel erhältlichen Leisten kombinierte. Die Aufhängeleiste besteht aus einem einfachen Brett, ebenso die Sockelumrandung (zur Verhinderung, daß die Stuhlrückseite an der Wand scheuert), die aber zusätzlich mit einer Glockenleiste (S-förmiges Profil) versehen ist. Ich fertigte die Fußleiste aus einem schmalen Brett mit abgerundeter Vorderkante und begrenzte sie oben mit einem Rundstab, damit sich kein Staub absetzen kann. Unten am Boden brachte ich einen kleinen, viertelkreisförmigen Abdeckstab an, damit die Stuhlbeine die Fußleiste nicht beschädigen.

Aufhängeleiste

Sockelumrandung

Fußleiste

Tudor-Dekoration

Bei dieser Tudor-Einrichtung besteht die Dekoration der Hauptwand aus farbtexturierten Hartfaservertäfelungen und einem gemalten Fries. Die Wände benötigten jedoch eine stärkere Struktur zur Kontrolle dieser Elemente. Deshalb verwendete ich ein zeitloses Zahnschnittgesims, ein einfaches Paneel für die Sockelrechtecke und ein leicht profiliertes Brett als Fußleiste.

Zahnschnittgesims

Einfache Paneelleiste

Profilierte Fußleiste

Klassizistisches Rauminneres

Die Architektur von Robert Adam zeigt eine seltene Sensibilität im Umgang mit Zierformteilen, aufwendiger Dekoration und Farbe. Seine Innenräume waren mit einer Vielzahl verschiedener Materialien wie z. B. Composition- oder Faserstuckgips, bemaltem Holz und Pappmaché gestaltet. Ähnlich verwende ich in den von mir dekorierten Innenräumen aus verschiedenen Materialien hergestellte Formteile. Den Fries aus Linkrusta, eine Erfindung des 19. Jahrhunderts, schließt am unteren Rand eine Bilderrahmenleiste aus Plastik ab. Die Sockelumrandung besteht aus Gips und die Fußleiste aus einem Holzbrett, das oben von einer maschinell gefertigten Leiste abgeschlossen wird.

Zahnschnittgesims

Sockelumrandung

Profilbretter

Fußleiste

Linkrusta-Fries

Bilderrahmenleiste aus Plastik

Sockelumrandung aus Gips

Maschinell gefertigte Leiste

Basis für Fußleiste

Karibische Raumausstattung

Mit dieser karibischen Ausstattung fing ich ein wenig die typische Atmosphäre ein, und das Ergebnis war eine Mischung aus Ethno-Funktionalismus mit einem kleinen Anflug von Kolonialstil. Das gleiche Zahnschnittgesims, das ich bei der Tudor-Dekoration verwendete, erwies sich als exakte Kopie eines jamaikanischen Gesimses im Kolonialstil und ließ sich erstaunlich gut mit dem Sockel aus einfach gestrichenen Profilbrettern (oben mit einer Sockelumrandung abgeschlossen) kombinieren. Des weiteren besteht die Fußleiste nur aus einem einfachen, mit Emulsionsfarbe gestrichenen Holzbrett.

Optischer Rhythmus

Der am meisten unterschätzte, bei einer Dekoration erreichbare technische Effekt ist der den Raum belebende optische Rhythmus. Seine Anwendung erschließt eine Fülle von Möglichkeiten, die, seit aufwendiges Dekorieren Anfang des 20. Jahrhunderts in Ungnade fiel, leider allzu lange vernachlässigt wurde.

Die einfachste Form rhythmischer Dekoration kann darin bestehen, zwei symmetrisch angeordnete Fenster in einem Raum dekorativ zu betonen und damit zur Geltung zu bringen. Sie kann auch darin bestehen, zwei passende Spiegel in auffallender und symmetrischer Weise aufzustellen. Dies führt zu einem optisch befriedigenden Ergebnis, da der Raum zwischen ihnen, aber auch seitlich von ihnen abgegrenzt und betont wird.

Sich wiederholende Muster

Die komplizierteste und diffuseste Form optischer Rhythmik zeigt sich in Tapeten und Stoffen, die kleine, sich wiederholende Muster in alle Richtungen aussenden. Bilder oder Motive, die sich ständig wiederholen und einen Raum umpulsen, schaffen sichtbaren Rhythmus und fungieren als Meßinstrument, mit dem alle Elemente im Raum beurteilt werden können. Die Wirkungskraft ist abhängig von der Größe der verwendeten Bilder und der Anzahl ihrer Wiederholungen im Verhältnis zur Raumgröße.

Horizontaler Rhythmus

Manchmal sind die Rhythmen am auffallendsten und spannendsten, die nur in einer Richtung – horizontal – um den Raum verlaufen (siehe die Beispiele gegenüber auf S. 23). Ihre Energien sind nicht verzettelt und folgen der Architektur des Raums. Sie verlaufen auch alle in Gesimshöhe, so daß die sich wiederholenden Motive klar zu sehen sind und sich nicht mit irgendwelchen anderen Dekorationen im Raum vermischen. Wichtig ist, daß weder Möbel, Wandbehänge noch Personen dieses Fließen der Motive stören, sonst bricht der Rhythmus ab.

Wiederholungsmuster mit Beschlagnägeln
Diese vergoldeten Beschlagnägel wurden an der Wand des viktorianischen Arrangements angebracht. Reliefdekoration sollte das Wiederholungsmuster besonders zur Geltung bringen. Die Beschlagnägel stehen weit auseinander und passen rhythmisch zur übrigen Ausstattung.

Rhythmische Vertäfelung
Bei diesem Wanddekor laufen verschiedene Rhythmen gleichzeitig in unterschiedliche Richtungen. Und doch passen die Unterteilungen in der Hauptwandtäfelung zu dem einfachen Wiederholungsrhythmus darüber und wirken als exaktes geometrisches Muster.

Wirkungen von Strukturen

FEINE BEWEGUNG
Dieses klassische Linkrusta-Fries besitzt ein komplexes Design, das sich jeden halben Meter wiederholt. Da es Flachrelief hat und in zurückhaltenden Farben gestrichen ist, ist die potentielle rhythmische Wirkung verhalten.

SCHWINGENDER RHYTHMUS
Die Wiederholung von Quasten und Seil kann sich frei gestalten. Die Erscheinungsformen sind groß und einfach, und die Wiederholung ist kühn und schwungvoll. Die wellenförmige Bewegung belebt den Raum.

RHYTHMISCHE BILDDARSTELLUNG
Zur bildhaften Darstellung eines ballonförmigen Lüsters klebte ich Farbkopien in gleichen Abständen oben an die Wand. Der zentral im Vordergrund hängende Lüster erklärt, was die Bilddarstellung bedeuten soll: ein ruhiger, aus einzelnen Impulsen bestehender Rhythmus, der auf den Ballonlüster aufmerksam macht.

MEHRFACHSTRUKTUREN
Bei diesen kompliziert verschlungenen Strukturen vergeudet sich jede Energie in der Wiederholung. Das Muster der wellenförmig verlaufenden Kordel wird einerseits durch die häufige Wiederholung, andererseits durch die hell gestrichene Leiste und die vertikalen Wandstreifen kompliziert. Obwohl dieser Kombination rhythmische Kraft fehlt, ist sie doch gelungen und dekorativ.

AUSGEGLICHENE KOMPOSITION
Das sich wiederholende Bild eines Vogels stellt hier einen optischen Rhythmus her, den eine Reihe winziger Details verbindet und ausgleicht. Das Zackenmuster darüber wiederholt sich als eckige Wellenform öfter. Starke Rhythmen innerhalb von Rhythmen sind das optische Äquivalent zur Tonresonanz.

SANFTE WELLEN
Die Welle ist eine einfache rhythmische Form und kann durch ein Seil, eine Girlande oder Kette (wie hier) dargestellt werden. Diese Materialien gibt es in beliebiger Länge, so daß Sie die »Wellenlänge« und ihre Wiederholung je nach Raum selbst bestimmen können.

Beleuchtung, Farbe und Atmosphäre

Die meisten Meinungen über Raumfarben sind irreführend. Nicht nur ein blasser Pfirsich- oder Aprikosenton reflektiert, wie allgemein angenommen wird, am meisten Licht und wirkt am heitersten, sondern auch leuchtendes Gelb und Lavendelblau. Wenn Sie versuchen, die Atmosphäre eines Raums einfach durch Beleuchtung zu regulieren, laufen Sie Gefahr, mehr Licht auf Kosten des Charakters der Ausstattung einzubringen.
Vor der Wahl einer Farbe sollten Sie überlegen, ob Sie in diesem Raum mehr Zeit während des Tages oder während des Abends verbringen. Die meisten Farbarrangements sehen bei künstlichem Licht gut aus. Wenn ein bei Tag düster erscheinender Raum Ihr Problem ist, nehmen Sie zusätzliche Spiegel und wählen Komplementärfarben (siehe hierzu S. 162), bevor Sie sich für eine blasse Farbenzusammenstellung entschließen.
Bei der auf diesen Seiten gezeigten Ausstattung ist die braune Version (unten) die geheimnisvollste und interessanteste. Tagsüber reflektiert sie weniger Licht (rechts unten), doch paßt die Farbe gut zum Tageslicht und läßt den Raum warm und einladend erscheinen. Das blasse Arrangement (rechts und S. 25) dagegen ist tagsüber weniger ansprechend, da es relativ kalt und leblos ist, abends bei Kerzenlicht jedoch wirkt es zauberhaft.

Farbwirkungen
Um die Wirkung von Farben zu demonstrieren, tünchte ich dieselbe holzvertäfelte Wand in zwei verschiedenen Farben. Zunächst behandelte ich das blau getönte Holz mit Weiß (oben und S. 25). Dann wurde die Wand abgelaugt und mit einem weichen Braunton behandelt (unten und links). In beiden Fällen erhöhte die Holztextur den Reiz des Anstrichs. Beim Vergleich der beiden bei Tageslicht aufgenommenen Fotografien ist sofort zu sehen, daß die Oberflächenstruktur mehr Einfluß auf den Charakter der Ausstattung hat als die Anstrichfarbe an sich. Obwohl die braungetönte Wand den Raum dunkler macht, transportiert sie mehr Atmosphäre als die blaue kalte.

Gestaltung des ganzen Hauses

Dekorieren sollte Spaß und Freude machen. Das bedeutet nicht immer große Umstrukturierungen, soll es auch nicht, da es im wahrsten Sinn des Wortes eine ober-flächliche Aktivität ist. Alle Raumausstattungen in diesem Buch sind grobe Interpretationen von Stilen verschiedener Länder und Epochen. Sie sind keine historischen Dokumente, und jede könnte auch in einem halben Dutzend anderer Haustypen verschiedenen Alters wohnlich aussehen. Wenn Sie mit einem Sinn für Freude dekorieren, dann werden Sie das schätzen.

Ein Thema entwickeln

Aber wie können Sie mit der Idee für einen Raum ein ganzes Haus gestalten? Was gibt Ihrem Haus eine Gesamtidentität bei unterschiedlichen Stilen in verschiedenen Räumen?

Die Notwendigkeit für solche Unterschiede ist offensichtlich, da wir selbst sozusagen jeweils etwas andere Personen sind, je nachdem, ob wir Gäste haben, uns in intimen Räumen wie Bade- und Schlafzimmer aufhalten oder von der Arbeit nach Hause kommen: Wir haben dann jeweils andere Ansprüche an unsere Umgebung. Andererseits ist aber unser Zuhause auch eine in sich geschlossene Einheit. Viel zu viele Menschen gestalten ihre Wohnungen oder Häuser, als seien die Räume hermetisch abgetrennt und völlig unabhängig voneinander.

Auf diesen Seiten werden die drei zur Ausgestaltung eines ganzen Hauses notwendigen Grundprinzipien vorgestellt: Farbe, Material, Epoche. Verwenden Sie nur eines als Kriterium, wird das den Blick für das Innere Ihres Hauses, das eine gewisse Integrität haben sollte, schärfen helfen. Wenn Sie jedoch alle drei zusammen anwenden und alle Zimmer in Farbe, Material und Stil angleichen, wird Ihr Zuhause wesentlich mehr Charakter erhalten.

Stilhäuser

Die Gestaltung eines Stilhauses kann mit Bewußtseinskrisen einhergehen. Entspricht das, was Sie tun, dem Stil des Gebäudes? Verwenden Sie die richtigen Materialien und Farben? Wenn aber das, was Sie tun, nicht authentisch, sondern nur interpretierend ist, werden dann Bausubstanz und Gebäudecharakter genügend respektiert?

Eine Entscheidung fällen

Obige Fragen sind, besonders in wertvollen alten Häusern, bis zu einem gewissen Grad relevant. Das Dekorieren ist jedoch Privatsache und dient Ihrem persönliche Vergnügen. Es hat schon immer den individuellen und nicht den öffentlichen Geschmack widergespiegelt, und so soll es auch bleiben. Die wichtigste Überlegung bei einem Stilhaus ist nicht, was hinzugefügt werden soll, sondern was nicht weggenommen werden soll.

Das Fazit: Entfernen Sie so wenig wie möglich von der Originalstruktur, denn was immer einem Gebäude hinzugefügt wird, wie Formteile oder Anstriche, kann rückgängig gemacht werden. Aber einmal entfernte Originaldetails sind nicht leicht wieder zu ersetzen. Der Hausvandalismus der 60er Jahre in vielen Häusern des 19. Jahrhunderts zerstörte Originalstrukturen, die heute oft in nur ungenauer oder falscher Weise ersetzt und restauriert werden.

Auswahl der Farbe

Eine der einfachsten Möglichkeiten, ein Haus einheitlich zu gestalten, ist die durchgängige Anwendung eines bestimmten Farbenarrangements. Das heißt nicht, daß Sie in jedem Raum genau dieselbe Farbe benützen, sondern daß Sie eine ganz bestimmte Farbpalette wählen und nur mit dieser arbeiten. Im Beispiel unten kombinierte ich die Farben des rot-orangen Teils des Farbspektrums, wie sie in viktorianischen, orientalischen und spanischen Ausstattungen angewendet wurden. Jeder der Räume hat andere Oberflächenbearbeitungen und -qualitäten. Die viktorianische Wand ist dunkelrot gestrichen und mit Farbe und Lasur gesprenkelt (S. 60, links oben). Die Wand des maurischen Schlafraums erhielt eine staubig wirkende Terrakottaoberfläche (S. 82, links oben).

Roter, mit Farbe und Öllasur gesprenkelter Hintergrund

Safranrote, geglättete Öllasur (oben)

Wand mit Terrakotta-Endanstrich (links)

Auswahl des Materials

Sie können mit einer breiten Farbpalette experimentieren, wenn Sie nur ein Ausgangsmaterial als verbindliche Dekorationskomponente wählen. Ich entschied mich hier für texturierten Putz als Wandabschluß, der im ganzen Haus verwendet werden kann. Die hier gezeigten Ausstattungen haben französischen und spanischen Einschlag. Obwohl jedes für einen speziellen Raum in einem Haus (Schlafzimmer, Küche und Wohnzimmer) entworfen wurde, könnten sie genau so gut in anderen Räumen wirken.

Schablonierter Putz für eine französische Küche

Weiß getünchte Gipsputzwand in einem spanischen Schlafraum im Stil des 17. Jahrhunderts (links)

Angemalter Gipsputz in einer Innenausstattung des 20. Jahrhunderts (unten)

Farbe, Material und Epoche

Der stärkste Zusammenhang zwischen Räumen ergibt sich durch mehr als ein verbindliches Element. Die hier gezeigten Beispiele treten durch ein Spektrum von Grüntönen, bemaltes Holz und einen ähnlichen Grundstil miteinander in Verbindung. Das englische Arrangement basiert auf einer einfachen Inneneinrichtung des 17. Jahrhunderts, das frühamerikanische Innenausstattungen beeinflußte.

Neuengland, Innenraum

Englische Ausstattung im Stil des 17. Jahrhunderts

Raum im amerikanischen Kolonialstil

Techniken des Dekorierens

Die hier vorgestellten Techniken lernen Sie am besten durch Praktizieren. Wandabschlüsse können auf der Wand, die Sie gestalten wollen, ausprobiert und dann mit Weiß überstrichen werden. Sie können auch Techniken mit transparenter Öllasur zur Oberflächengestaltung versuchen, solange Sie diese vor dem Trocknen wieder abwischen. Experimentieren Sie mit Wachsen und Pasten auf Holzresten. Stellen Sie sich große Farbtafeln her, um einen Eindruck von den verschiedenen Farbwirkungen zu bekommen, und halten Sie diese in verschiedenen Teilen des Raums hoch. Werden alle vier Wände gleich gestrichen, dann intensiviert sich die Farbwirkung. Um sich davon konkrete Vorstellungen machen zu können, streichen Sie das Innere eines alten Farbbehälters (siehe S. 29). Ich trage Farbe nie mit einem Farbroller auf, da dieser die Struktur darunter liegender Farbschichten beinträchtigt. Mengenangaben zum Mischen werden als Proportionen angegeben (zur Verdünnung von Eierschalenfarbe im Verhältnis 1:4 mit Testbenzin nehmen Sie 1 Teil Farbe und 4 Teile Testbenzin). Informationen zur Farbenherstellung, Tönung von Emulsions- und Eierschalenfarbe, Mengenschätzung und Spezialtips für Lasur- und Oberflächenarbeiten finden Sie auf den Seiten 156 bis 159.

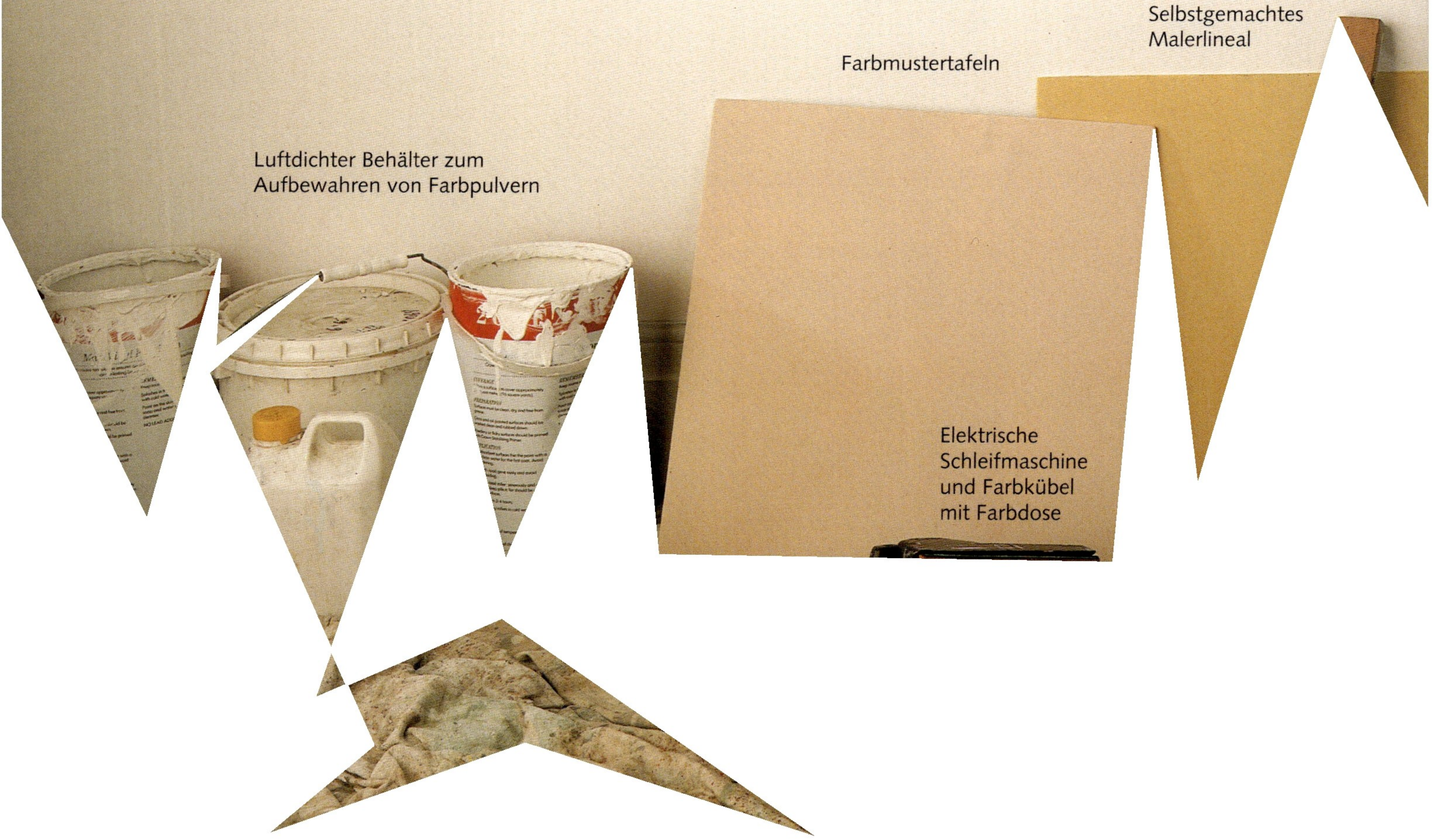

Die Arbeit beginnen und beenden

Legen Sie immer genügend Abdecktücher auf, und geben Sie Farbdosen zum Auffangen der Tropfen in Malerkübel (das erleichtert auch das Tragen henkelloser Dosen). Den Malerkübel mit einem Karabinerhaken an der Leiter befestigen. Wichtig ist die Arbeit in einem gut durchlüfteten Raum, in dem weder gegessen, getrunken noch geraucht wird. Bei manchen Materialien sollte nur mit Gummihandschuhen, Schutzbrille oder -maske gearbeitet werden. (Staubmasken verhindern das Einatmen von Staubpartikeln. Verwenden Sie spezielle Atemmasken bei Lösungsmitteldämpfen.) Vorsichtsmaßnahmen werden bei jeder Technik angegeben (siehe auch S. 148–155). Wenn Sie für etwa eine Stunde unterbrechen, die Pinsel mit einem wasserbefeuchteten (für Anstriche auf Wasserbasis) oder mit einem terpentinbefeuchteten (für Anstriche auf Ölbasis) Lappen bedecken. Nach Abschluß der Arbeiten die Pinsel reinigen und alle Farbbehälter fest verschließen.

Gips und Stein

Die natürliche Beschaffenheit von blankem Rauhputz, Stein, Marmor und Terrakotta sowie deren archäologische Assoziationen passen am besten zu Räumen mediterraner, ländlicher/ethnischer, mittelalterlicher oder antiker Prägung. Polierter Marmor jedoch und manche glasierten Terrakotten, besonders solche mit komplexen Strukturen, fügen sich gut in Räume mit noblerem klassizistischen Stil ein.

Rauher Wandputz

Da alte, bröckelige Putzwände eine so andere Atmosphäre erzeugen als einfach gestrichene, glatte Wände, benützte ich eine Spezialtechnik (siehe S. 72–73), bei der neuer Gips so texturiert wird, daß er wirklich alten Wänden ähnelt. Der Gips sollte in einem Eimer, wie unten gezeigt, gemischt werden.

Glatter Wandputz

Glattes Verputzen ist eine hochspezialisierte Arbeit und am besten von einem professionellen Gipser auszuführen. Kleinere Löcher und Risse können jedoch leicht mit Spachtelmasse (in kleinen Mengen erhältlicher Feingips) ausgebessert werden.

Werkzeuge
Zum Auftragen von neuem Putz brauchen Sie eine Kelle, zum Löcherfüllen einen Spachtel und zum Abkratzen von gelockertem Putz einen Dreikantschaber. Lockeres Hanfgewebe und Glasfaser bilden das Fasermaterial in Formgips wie der oben gezeigten Stuckzierleiste.

MIT GIPS ARBEITEN

Gips mischen *Den Gips gleichmäßig ins Wasser streuen, bis sich kleine trockene Inseln bilden. Durchmischen und zum Arbeiten auf einen umgedrehten Mülleimerdeckel geben.*

Stabilisierung *Alte und abbröckelnde Putzwände, Leimfarbe und alte poröse Farbe sollten vor der Wandgestaltung mit einer Stabilisierungslösung eingestrichen werden.*

Füllung *Zum Füllen kleiner Risse den losen Verputz herauskratzen, die Oberfläche befeuchten und neuen Gips oder Spachtelmasse daraufgeben. Wenn alles trocken ist, glattschleifen.*

Stuckzierleisten

Stuckgips ist ein wesentliches Element vieler Stilepochen. Standarddesigns wie das obige sind in den meisten Heimwerkergeschäften und Baustoffmärkten fertig zu bekommen; weniger übliche Designs können von Spezialhändlern bezogen werden. Im letzten Jahrhundert wurden Stuckzierleisten in Position gefertigt (in einen Grundrahmen wurden vorfabrizierte Verzierungen eingegipst). Heute sind sie dagegen oft aus schnell abbindendem Gips vorgefertigt. Sie sollten (von Fachleuten) in Wände eingegipst oder im Falle leichterer Leisten eingeschraubt werden.

Schwarzer Granit

Terrakottafliese

Serpentinmarmor (links)

Afrikanische Bodenfliesen aus Schiefer (oberste)

Terrakottafliesen

Terrakotta – gebrannter Ton – ist vermutlich das Baumaterial mit der wärmsten Farbe und paßt besonders gut in Räume mit ländlichem und mediterranem Stil. Seine natürlichen Eigenschaften entfaltet er als transparent glasierte oder unglasierte Wand- oder Fußbodenfliesen (letztere sollten in Sand und Zement eingelassen werden). Alternativ kann Terrakotta auch mit Farbe imitiert (siehe S. 82–83) und durch Firnis strapazierfähig gemacht werden. Oder Sie färben Betonfliesen mit Holzbeize und tragen dann matten Lack auf.

Marmor und Stein

Marmor heißt jeder Stein einschließlich Granit, der durch Polieren eine harte, glänzende Oberfläche bekommt. Scagliola (Stuckmarmor: eine Masse aus Kalk, Pigment, Marmorpulver und Leim) ist ein traditioneller marmorähnlicher Kunststein. Wegen seines hohen Preises wird echter Marmor schon lange durch Farbe imitiert oder nur in Form von Marmorresten verwendet (einige Marmorarten zerkratzen zu leicht, um als Fußböden geeignet zu sein). Anderes, für Böden geeignetes Gestein sind beispielsweise Schiefer und Sandstein.

Farbgestaltung von Stuckgips

Viele dekorative Maltechniken wie Farbtünchen und strukturierendes Lasieren eignen sich für glatte (manchmal auch rauhe) Putzwände. Die für spezielle Maleffekte erforderliche Vorbereitung variiert und wird gesondert bei jeder Technik angegeben.

Stuckdekorationen

Gips taucht auch in Form von Stuckdekorationen auf, die seit dem 18. Jahrhundert fester Bestandteil in vielen Innenräumen sind. Statt diese zu bemalen (und auch zu lasieren, siehe S. 54–55), griff ich zur einfachen Methode der Antikisierung (S. 70–71), was der Stuckarbeit einen natürlich wirkenden, weichen Hauch verleiht.

Gipsarten

Die meisten modernen Dekorateurgipse sind Stuckgipse. Der schnell abbindende Modellgips (einige Formteile sind daraus gegossen, so daß er sich gut für deren Reparatur eignet) ist eine Stuckgipsart; es gibt aber auch eine Reihe langsamer trocknender Sorten. Putzgipse werden in zwei Qualitäten (bindende und deckende Schicht) oder als Ein-Schicht-Gips sowie in vielen Farben angeboten. Moderne Gipspulver nehmen Feuchtigkeit auf und binden nach einer Lagerung von ein, zwei Monaten schneller ab, was die Arbeit erschwert. Putzgips und Stuckgips können mit Farbpulvern vermischt werden. Befolgen Sie die Anleitung (siehe S. 157), und verwenden Sie nur alkalibeständige Farben (siehe S. 148–151). Traditioneller Putzgips besteht aus Kalk, Sand und oft Pferdehaar oder anderen Fasern. Alte Häuser, die nie eine feuchtigkeitsbeständige Sperrschicht hatten, sollten mit einem traditionellen Putzgips auf Kalkbasis verputzt und dann für einen natürlichen Feuchtigkeitsausstritt mit Leimfarbe (siehe S. 156) gestrichen werden.

Durchtrocknen

Frisch verputze Wände oder neue Gipsgußteile sollten vor der Weiterverarbeitung mehrere Wochen durchtrocknen (ideal wären mehrere Monate), damit die gesamte Feuchtigkeit über die Oberfläche austreten kann. Andernfalls wird die Farbe Blasen werfen und abblättern.

Vorbereitung von Gips

Blanker, mit Emulsionsfarbe zu bemalender Gips, sollte mit PVA (Polyvinylacetat) oder einer zur Hälfte mit Wasser verdünnten Emulsionsschicht versiegelt werden. Streichen Sie den Gips mit PVA oder mit einem alkalibeständigen Grundierlack vor dem Anmalen mit Farben auf Ölbasis. Schellack ist eine Alternative für Anstriche auf Wasser- und Ölbasis.

Bemalen von Gips *Die Freskomalerei ist eine der ältesten Malarten. Eine Mischung aus Pigmentpulver und Wasser wird auf eine Schicht halbtrockenen, frisch aufgebrachten Kalkgips aufgetragen. Beim Trocknen zieht der Gips die Farbe auf und bindet sie in der oberen Schicht. Ich malte das Puttenfresko (oben) auf diese Weise und verwendete alkalibeständige Farbpulver (diese verblassen nicht im Kontakt mit Kalk).*

Vergoldeter Gips *Diese aus Modellgips geformte Putte wurde mit Schellack versiegelt, mit Eisenoxidrot besprüht und mit Blattmetall vergoldet.*

Imitierte Stuckarbeit

Ich tauchte das Seil passend zu den Quasten in Modellgips, um ihm das Aussehen von Stuckarbeit zu geben.

Stuckgesims in Antikeffekt

Antikbeschichtung

Frische Stuckgipsfiguren können äußerst effektvoll mit Schellack und Weißwachs (siehe Technik der Antikeffekte S. 70–71) gestaltet werden. Der erzielte alabasterartige Schimmer täuscht über das relativ billige Ausgangsmaterial hinweg. Diese Technik eignet sich sowohl für kleine Gipsfriese als auch für großflächige Stuckgipsarbeiten wie das Gesims (oben). Wichtig ist, kleine Formteile einige Tage vor dem Antikisieren ganz durchtrocknen zu lassen.

Stuckabguß

Stuckgipsformteile werden in vielen Stilrichtungen im Handel angeboten, Sie können jedoch auch Ihre eigenen herstellen. Verwenden Sie Modellgips und Gußformen von Handwerkermärkten. Ich stellte die Gipsquaste (links unten) selbst her und lackierte sie dann mit Schellack. Als dieser getrocknet war, überstrich ich ihn mit rotem und braunem französischen Emaillack (siehe S. 141). Für die Highlights rieb ich den trockenen Lack mit etwas Brennspiritus ab. Formteile können aber auch wie das Gesims oben bemalt oder antikisiert werden.

Plastikornamente mit einem stuckrosafarbenen Endanstrich

Sonstiges Material

Sogar Holz- oder Plastikformen wie diese hier (links, ich kaufte sie in einem Dekorationsfachgeschäft) können eine Farboberfläche erhalten, die sie wie alter Stuck aussehen läßt. Damit kann wirklich feine (nicht aus Gips formbare) Ornamentik anderen antikisierten Elementen in einem Raum angepaßt werden.

Selbstgemachte Stuckgipsform

Kragsteine und Schale

Die am Gesims (ganz oben) angewendete Technik ist genauso wirkungsvoll für Kragsteine und Schale (rechts). Solche Formteile befinden sich mehr oder weniger in Deckenhöhe, aber ihre Oberfläche ist so zart und schön, daß sie auch kritischen Blicken in Augenhöhe standhalten würde. Sie ist so zufriedenstellend, daß sie auch ermutigt, Formteile für die Wand wie die Vertäfelungen von Seite 120 (oben links) zu kaufen.

Kragsteine mit Antikeffekt

Schale mit Antikeffekt

NATURHÖLZER

Hölzer, deren natürliche Maserung durch entsprechende Behandlung erhalten blieb (Firnissen, Lackieren, Polieren oder mit einer klaren Substanz Einölen), wirken warm und freundlich. Vor der Anwendung solcher Standardmittel (siehe S. 140–141) sollte das Holz zuerst vorbereitet werden (siehe S. 35). Bienenwachsmöbelpolitur nährt das Holz und verleiht ihm eine gefällige, zarte Oberfläche sowie den Duft von Honig.

Holzauswahl

Der Welt fehlen mehr natürliche Wälder, als aufgeforstet werden können. Kaufen Sie also Holz aus regenerationsfähigen Gegenden, z.B. Kiefernholz aus Skandinavien statt Harthölzer aus den Regenwäldern Brasiliens.
Wenn Sie Holz wie üblich streichen oder masern möchten (letzteres siehe S. 163), zerstören Sie in jedem Fall seine natürlichen Eigenschaften. Versuchen Sie es deshalb mit aus Holzabfällen hergestellten Holzfaser-, Span- oder Hartfaserplatten. Die meisten Weichhölzer wie Kiefer und Fichte sind relativ preisgünstig und daher in Häusern beliebt. Manche haben eine attraktive Maserung, die Sie mit Firnis betonen können. Die meisten sind jedoch uninteressant und eher zum Anstreichen geeignet.
Harthölzer wie Eiche, Ulme, Esche, Walnuß, Birke und Mahagoni sind, wie schon der Name sagt, härter und haben feinere und hübschere Maserungen. Aufgrund ihres Preises werden sie eher für Möbel und kleinere Teile verwendet als für großflächige Böden oder Vertäfelungen; meist erhalten sie eine wunderschöne Politur anstatt eines Anstrichs.

Leisten aus Weichholz
Der Architravrahmen (unten) ist ein Beispiel für die große Vielfalt allgemein erhältlicher Leisten und Rahmen mit Flachrelief. Sie sind die preiswerte Alternative zu maschinell gestanzten oder den wertvolleren handgeschnitzten Leisten. Da ihre Oberflächenstruktur oft recht grob ist, streicht man sie am besten. Zur Befestigung empfehlen sich Schrauben oder Nägel.

Lack auf Ölbasis

Astlack

Holz vorbereiten und firnissen
Mit Firnis können Sie Holz schützen und die natürliche Maserung durchschimmern lassen. Ich ziehe Firnis (Öllack) dem leicht gilbenden Polyurethanlack vor. Damit das Harz nicht aus den Astknoten tropft, nehmen Sie Astlack (das Holz dunkelt etwas nach) oder gebleichten Schellack (weniger wirkungsvoll, schützt aber den Holzfarbton). Ein Einlaßgrundiermittel auf Schellackbasis verhindert die Verfärbung des Holzes durch Lack.

Architravrahmen aus Weichholz

Schmale Leisten
Diese sind überall in einfachen oder strukturierten Formen erhältlich. Sie können einzeln oder kombiniert als Sockelumrandungen, zur Verschönerung von Standardfußleisten oder zur Verkleidung von Bilderschienen verwendet werden. Weichhölzer sehen gebeizt, gestrichen oder lasiert am wirkungsvollsten aus, während Leisten aus Hartholz wie Eiche oder Mahagoni am besten mit Wachs poliert oder gefirnißt werden, so daß ihre Maserung voll zur Geltung kommt.

Geprägte Weichholzleiste

Glockenleiste aus Weichholz

Paneelleiste aus Weichholz

Olivenbaumholz

Harthölzer

Eiche, Ulme und Mahagoni sind mit die am meisten benutzten Harthölzer und werden oft als hochglänzend polierte Leisten verwendet. Sie sind teuer (Mahagoni sollte sparsam eingesetzt werden, da es ein Tropenholz ist), aber kleine Mengen sind in Verbindung mit gebeizten oder gemaserten Weichhölzern reizvoll (Techniken der Holzmaserung siehe S. 94–99). Bergahorn und Obstbaumhölzer wie Kirsche werden gewöhnlich für Intarsien, Furniere oder zum Drechseln verwendet.

Eiche

Mahagoni

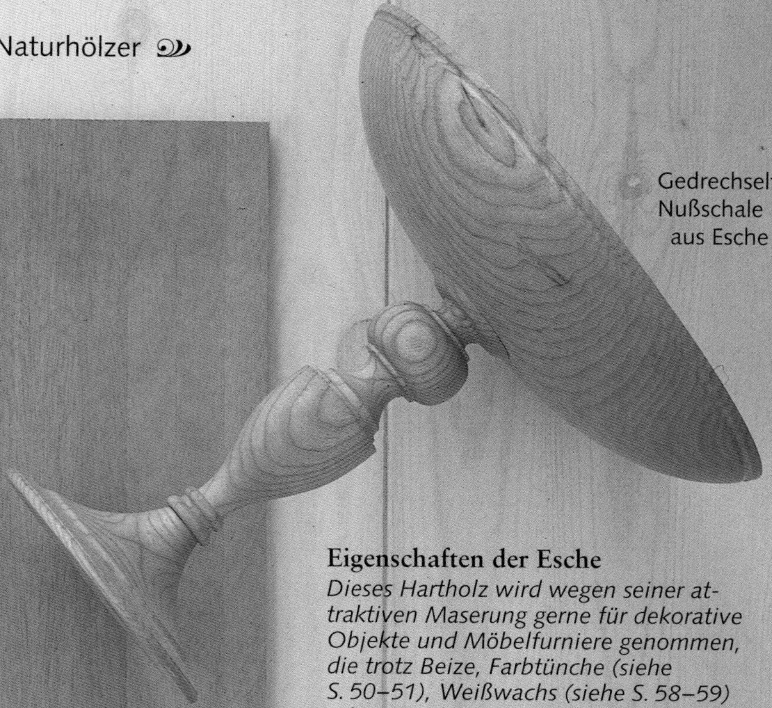

Gedrechselte Nußschale aus Esche

Eigenschaften der Esche

Dieses Hartholz wird wegen seiner attraktiven Maserung gerne für dekorative Objekte und Möbelfurniere genommen, die trotz Beize, Farbtünche (siehe S. 50–51), Weißwachs (siehe S. 58–59) oder gar schwarzem Spritzlack äußerst ausgeprägt bleibt. Esche wird zur Herstellung von Gegenständen wie diese Nußschale (oben) auch gedrechselt. Nicht zum Drechseln geeignet sind preisgünstigere Hölzer wie Kiefer wegen ihrer zahlreichen Astknoten, die in der Drehklinge hängenbleiben und manchmal das Holz zerreißen.

Nachgedunkelter Eichenbalken

Alte Eiche

Im Mittelalter wurden Eichenbalken manchmal mit Pech oder Kalktünche behandelt (Sie folgen also einer alten Tradition, wenn Sie Eichenbalken weiß streichen). Die meisten blieben jedoch unbehandelt und dunkelten im Laufe der Zeit nach (seit 150 Jahren ist es Mode, alte Balken künstlich nachzudunkeln).

FARBGESTALTUNG VON HOLZ

Es gibt etliche Methoden der Farbgestaltung, die die natürlichen Charakteristika von Holz betonen, statt sie zu verdecken. Doch können auch Standardanstriche, besonders auf Zierleisten und Paneelen, sehr wirkungsvoll sein. In dem auf Seite 50 (links oben) gezeigten Raum dominiert die klassische Formgebung den Charakter des Holzes.

Erste Schritte

Vor dem Anstreichen sollten die Astknoten harzhaltiger Hölzer mit Astlack behandelt werden, um einen Harzaustritt zu verhindern. Die Astknoten der hier gezeigten Kiefer (Mitte Hintergrund) waren mit gebleichtem Schellack (siehe S. 141) statt mit Astlack (der dunkelbraun ist) behandelt worden, damit die feine blaßrosa Farbtünche nicht leidet. Außer beim Farbtünchen und bei Arbeiten mit Alteffekten sollte Holz, das angemalt oder weißgewachst werden soll, mit einem Einlaßgrundiermittel versiegelt oder grundiert werden. Danach wird es leicht abgeschliffen (beim Weißwachsen mit der Drahtbürste gebürstet) und erhält einen Zwischenanstrich. Bereits gestrichenes Holz sollte zuerst mit einem Ablaugmittel gereinigt und dann leicht abgeschliffen werden. Lackiertes Holz ist abzubeizen.

Fußboden mit Holzeffekt
Einige Sorten von Plastikböden haben eine Struktur und Oberfläche, die sich fast nicht von echtem Holz unterscheidet. Sie sind eine gute Alternative zu gestrichenen und/oder lackierten Holzböden in Badezimmern, da sie sich weder verziehen noch verfärben.

Holzimitation
Kunstharz ist oft preiswerter als Holz. Manche Firmen stellen Harzpaneele her, mit denen ein ganzer Raum vertäfelt werden kann. Da die Gußformen aus echtem Holz sind, erhält der Abdruck eine realistisch anmutende Holzmaserung und -struktur.

Farbgetünchtes Holz

Farbtünchen von Holz
Diese einfache Methode, die sich einer wäßrigen Tünche aus verdünnter Farbe bedient, verleiht Holz ein weiches, fast milchiges Aussehen. Die Vorteile gegenüber der Holzbeize sind eine wesentlich größere Farbauswahl und eine bessere Kontrolle über das Sichtbarbleiben der Maserung.

»Schnitzwerk« aus Kunstharz

Weißgewachste Kiefernfußbodenbretter

Farbenaltanstrich auf Profilbrettern

Plastikfußboden mit Holzeffekt

Imitation von Holzmaserung

Jahrhundertelang wurden verschiedene Holzmaserungen auf Nichtholz- wie auch auf Holzoberflächen – sie verfügen bereits über eine natürliche Faserung – mit Farben imitiert. Die helleren Beispiele (rechts) wurden auf Sperrholz ausgeführt, das dunkle Beispiel ist Buche mit einer imitierten Rosenholzmaserung. Mit der Holzmaserungstechnik (siehe S. 94–99) kann Hölzern wie Kiefer das Aussehen eines teureren Hartholzes verliehen werden. Aber auch behandelte Nichtholzoberflächen können so anderen Raumelementen angepaßt werden – wie z. B. das Badezimmer auf Seite 94 (links oben).

Sperrholz mit dunkler Eichenmaserung

Sperrholz mit heller Eichenmaserung

Buche mit imitierter Rosenholzmaserung

Weißwachseffekt auf einem geschnitzten Eichenpaneel

Weißgewachstes Holz

Weißwachsen ist eine der einfachsten und großartigsten Holzbehandlungen (zur Technik siehe S. 58–59). Das Wachs oder die Paste, mit der das Holz eingerieben wird, hinterläßt feine weiße Rückstände auf den Holzporen und betont die natürliche Maserung. Besonders reizvoll kann dies auf geschnitzten Oberflächen aussehen, wo das Wachs die Holzvertiefungen ausfüllt. Offenporige Hölzer wie Esche, Eiche oder Ulme sind am leichtesten zu masern. Bei Hölzern mit geschlossener Maserung dagegen muß diese erst wiederholt kräftig mit einer Drahtbürste geöffnet werden.

Farbaltanstrich

Holz kann ein abblätterndes oder aufgeplatztes Farbfinish erhalten. Die gelbe Emulsionsfarbe auf den Profilbrettern (links) war über farbabweisende Wachskleckse aufgetragen worden, die dann entfernt wurden und blanke Holzstellen freigaben (siehe S. 64–65).

Papier und Folie

Jahrhundertelang wurde bis in unsere Zeit hinein Papier in Häusern zu Dekorationszwecken verwendet, wobei drei Hauptarten zu unterscheiden sind: Die auffallendste ist die Dekoration von Wänden und Gegenständen mit Tapeten, Bordüren und Papierausschnitten (Découpage); eine andere ist die Lichtfilterung und -abschirmung, bei der Papier auf einen Rahmen gespannt und mit Ölen behandelt wird; und schließlich können Papier und Folien auch als Hilfsmittel zur Farbgestaltung beim Schablonieren und Durchpausen verwendet werden.

Tapeten

Die bekannteste Art der Papierdekoration ist die Tapete. Es gibt viele Arten, von denen die einfachste Schrankpapier ist, das sowohl unter einer verzierten Tapete wie auch als Streichgrundlage verwendet werden kann. Im 18. Jahrhundert wurde Schrankpapier oft direkt auf Holzverkleidungen geklebt und dann in Imitation einer teureren Wandbekleidung gestrichen. Die ersten bedruckten Tapeten imitierten auch andere Oberflächen wie Gobelingewebe, Wandgemälde und Wandstoffbespannungen.
Beste Ergebnisse garantieren immer konventionelle Tapetenkleister (oder PVA für Papierausschnitte).

Dekorieren mit Fotokopien
Auf Mobiliar oder Wände geklebte Fotokopien von ungewöhnlichen Designs sind eine preiswerte Form der Découpage *(siehe S. 116–117).*

Fotokopie eines Greifs

Klassische Papierbordüre

Papierbordüren
Sie werden traditionsgemäß auf strapazierfähiges Papier gedruckt und oft in langen Rollen hergestellt. Durch eine Aneinanderreihung gleicher fotokopierter Motive können Sie jedoch leicht auch Ihre eigenen Bordüren anfertigen. Besonders in Fries- und Sockelhöhe können diese eine Extranuance von Stil kreieren.

Schablonen
Einige moderne Schablonenmuster werden aus der festen und gleichzeitig für Ecken flexiblen Azetatfolie geschnitten. Sie ist jedoch sehr glatt und deshalb schwer zu handhaben. Manilapapier (spezielles Ölpapier) ist das übliche feste, dicke Material.

Schabl.-Muster Fries

Schablonenmuster aus Manilapapier

Transparentpapier mit Stiftzeichnung

Transparentpapier
Diese Papierfolie ist zur Übertragung von Mustern auf Wand, Boden und Möbel unerläßlich. Das Design wird zuerst auf das Pauspapier gezeichnet und dann die Bildkontur mit einem Stift auf den entsprechenden Untergrund durchgepaust.

Tapete mit einem Design des 19. Jahrhunderts

Geöltes Seidenpapier

Seidenpapier

Geschenkpapier mit Blumenmuster

Farb-Découpage

Preiswertes, wenn auch etwas dünnes Geschenkpapier kann ausgeschnitten, geleimt und dann auf Wände oder Möbelstücke geklebt werden. Für sich wiederholende Bildmuster können Fotokopien verwendet werden. Schützen Sie die Découpage mit einer Schicht Klarlack.

Geöltes Seidenpapier

Wenn Sie Papier mit Lack, Öl oder Schellack beschichten, wird es durchscheinend. Benützen Sie geöltes Seidenpapier als Sichtschutz für Fenster, oder beschichten Sie Schrankpapier mit Schellack für Lampenschirme (siehe S. 156).

Viktorianische Stilbordüre

Packpapier

Tapeten

Auch wenn Tapeten teuer sind, so bieten sie doch eine große Auswahl an Mustern. Sie können zwischen erhabenen Bildtapeten (wie dem viktorianischen Fries, oben) oder flachen graphischen Designs (wie der Tapete mit gotischem Muster des 19. Jh., ganz oben) wählen.

Packpapier

Dieses wurde manchmal anstelle von gemusterten Tapeten in den einfach ausgestatteten und möblierten Arts-und-Crafts-Räumen des ausgehenden 19. Jahrhunderts benutzt (siehe S. 24–25).

Metall und Spezialeffekte

Metall findet sich in Häusern unter anderem in Form von Heizkörpern, Rohren, Tür- und Beleuchtungsfittings. Es sieht blank, gestrichen, aber auch verrostet wirkungsvoll aus. Die dekorative natürliche Patina wie Rost, Grünspan, oder Gold kann auf metallischen und nichtmetallischen Oberflächen imitiert werden.

Metallschutz

Viele Metalle werden beim Kontakt mit Luft stumpf (Gold ist eine Ausnahme). Eisen und Stahl werden rostig, Kupfer und Messing laufen an oder bilden Grünspan. Sie können Rostbildung auf blankem Metall mit einem Rostschutzgrundanstrich verhindern. Danach folgt ein Zwischenanstrich und schließlich ein Endanstrich mit Glanzlack oder Eierschalenfarbe. Wenn Sie die natürlichen Eigenschaften von Metallen lieber mögen, beschichten Sie sie einfach mit Klarlack oder Metallack.

Um das Wirkungsvollste aus den äußerst dekorativen chemischen Veränderungen herauszuholen, stellen Sie verschieden patinierte Metalle zur Erreichung hervorragender optischer Effekte zusammen oder imitieren Sie diese auf Metall, Plastik, Holz oder Putz. Die Techniken zur Imitation von Grünspan, Eisen und Rost finden Sie auf den Seiten 84 bis 87.

Gold

Weil solides Gold schon immer teuer war, wurde es jahrhundertelang zu hauchdünnen Schichten oder Blättchen gehämmert und zum Vergolden von allen möglichen Oberflächen verwendet. Die Kunst des Vergoldens (siehe S. 100–101) beherrschen zu lernen, lohnt sich allein schon wegen der reinen Freude am Umgang mit Blattgold.

Rostige Feuerzange

Dekorativer Rost
Warum Rost nicht als dekoratives, natürlich vorkommendes Finish ansehen! Diese Feuerzange aus Eisen, einst zu glänzend und auffallend für den Raum, kam einen Monat nach draußen und wurde dann mit Bienenwachspolitur eingewachst, um ein Weiterrosten zu verhindern (Bienenwachs hat Rostschutzeigenschaften).

Metall grundieren
Bevor Metall gestrichen wird, braucht es einen Grund- und Zwischenanstrich (bei bereits lackiertem Metall muß der Lack zuerst mit einem chemischen Entferner abgelöst werden). Verwenden Sie für Eisen und Stahl rote Eisenoxidgrundierung wie unten auf dem Heizkörper; diese ist eine spezielle Grundierung auf Ölbasis.

Vergoldete Plastikornamente

Vergolden
Verwenden Sie Blattgold, um den großartigen Goldeffekt auf metallische und nichtmetallische Oberflächen zu zaubern. Auf geschnitzten Details wie diesem Plastikornament fängt Blattgold Licht wirklich ein. Dieser Effekt wurde noch dadurch erhöht, daß das Gold auf einem farbigen, durch das Gold schimmernden Untergrund aufgebracht war.

Grünspanendanstrich an einer Rohrverbindung

Rote Eisenoxidgrundierung

Kupfer und Grünspan
Äußerst wirkungsvoll sehen blanke, mit Metallack lackierte und glänzend polierte Kupferrohre aus. Korrodiertes Metall mit echtem oder auch künstlichem Grünspan (wie an der Rohrverbindung oben) macht sich in Kombination mit poliertem Metall sehr gut.

Gesprühtes Plastik-Schmuckfries (Anthemion)

Rosteffekt auf Holz

Gußeiseneffekt auf Linkrusta

Effekte auf Nichtmetallen

Farbe ist die sauberste und sicherste Art, Metallpatina nachzuahmen (ansonsten wären hochgiftige Chemikalien zu verwenden). Das Plastikmotiv (links) wurde einfach mit Gold angesprüht und dann lackiert. Zur komplexeren, mit Farbe zu imitierenden Patina gehört Gußeisen, ein Effekt, wie er auf dem Linkrustateil (links) zu sehen ist, aber auch Rost, wie auf dem Holzteil (links, obenauf).

Metallfarbene Lampe

Strukturierter Endanstrich

Es gibt verschiedene spezielle Metallfarben zur Herstellung einer strukturierten Oberfläche auf Metallen und Nichtmetallen (wie Holz). Eine davon ist die auf der Lampe (oben) verwendete Emailfarbe mit dem Effekt von gehämmertem Metall. Die meisten Metallfarben sind zäh und schnelltrocknend, enthalten jedoch giftige Lösungsmittel.

Türknopf mit Antikeffekt

Metalle antikisieren

Neues Messing und mit Blattgold überzogene Oberflächen wirken manchmal zu auffällig. Französischer Emaillack eignet sich bei den meisten Metalloberflächen für einen Antikeffekt. Mischen Sie ihn im Verhältnis 1:1 mit Brennspiritus, und tupfen Sie ihn mit einem Schwamm auf, wie ich bei dem Messingtürknopf. Oder nehmen Sie ihn zum Sprenkeln, wie ich bei der vergoldeten Plastikurne (S. 40). Zur Technik der Antikisierung von Blattmetall und Metallpulver siehe Seite 102.

Gold- und Metalloberflächen

Den ungewöhnlichsten Oberflächen kann ein metallisches Aussehen verliehen werden. Für den Linkrusta-Sockel (oben) verwendete ich dünne Anstriche auf Wasserbasis und für den Grünspaneffekt Goldpulver und französischen Emaillack.

Linkrusta-Paneel mit Metallpulver und Grünspan-Endanstrich

Glas und Plastik

Glas ist ein wundervolles und vielseitiges Material mit vielen dekorativen Verwendungsmöglichkeiten im Haus. Es ist geformt und gepreßt, gefärbt und bemalt, poliert, strukturiert, geätzt und sandgestrahlt erhältlich. Welche Form es auch annimmt, es bewahrt seine Grundeigenschaften: Härte, Zerbrechlichkeit und Transparenz.

Die Beziehung zwischen Glas und Licht hängt wesentlich vom Verhalten des Glases ab. Glas modifiziert Licht, weshalb es in Innenräumen eine wichtige Rolle spielt. Sein Standort in einem Raum sollte in erster Linie von der Lichtquelle bestimmt werden, das heißt, daß Glasvasen Gegenlicht von Fenstern erhalten und Spiegel die Fensterausschnitte voll reflektieren.

Ein unterschätztes Material

Plastik mag nur als dürftiges Ersatzmaterial für Glas angesehen werden. Und tatsächlich sind seine glasimitierenden Eigenschaften auch so: Plastik zerkratzt, kann Licht nicht in die Spektralfarben zerlegen und baut statische, Staub anziehende Elektrizität auf. Es gibt jedoch Hunderte Arten anderer Plastikqualitäten, von denen einige einzigartige Eigenschaften besitzen. Ihre Verwendung sollte nicht gleich abgetan werden.

Die Argumente gegen Plastik sind, daß es unecht und billig sei und in Massen produziert werde. Und daß es kein entsprechendes Pendant für die sonst in Bauten verwendeten »natürlichen« Materialien darstelle. Aber heute dient Plastik in Beton, Putz und Farbe als Weichmacher.

Die Geschichte von Plastik ist alt: Robert Adam, der englische Architekt des 18. Jahrhunderts, beauftragte verschiedene Gesellschaften, Komponentenwanddekorationen in Form von Pappmaché oder Composition-Stuckgips (ein Gemisch aus Harz, Leim und Schlämmkreide) als Ersatz für teures geschnitztes Holz herzustellen. Im 19. Jahrhundert folgten Linoleum und Linkrusta, zwei Produkte auf Leinölbasis, die ebenfalls als Urplastik gelten. Diese Materialien haben gute Verarbeitungseigenschaften.

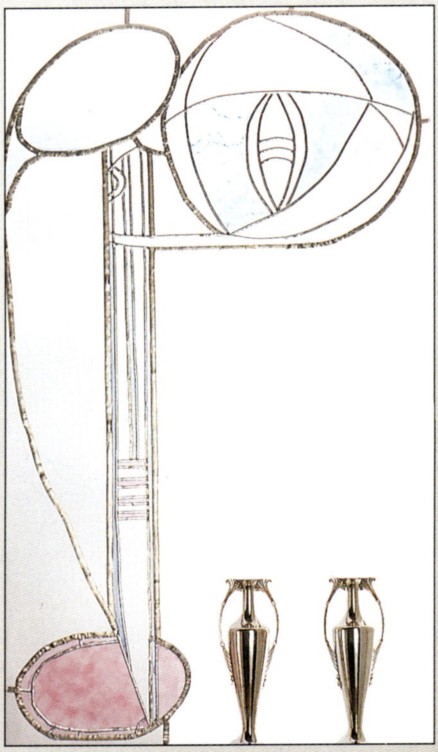

Buntglaseffekt
Eine Art, die Lichtqualität im Raum selbst zu bestimmen, ist die eigene Glasmalerei (siehe S. 106–107).

Gußharzdekor
Die Verwendung von hochwertigen Silikongummi-Gußhohlformen garantiert die genaue Reproduktion eines jeden Details, wie das Holzimitat der Geschirrablage (rechts). Es sollte kaum Bedenken gegen die Verwendung von Gußharzdekors wie diese geben, da doch der Gebrauch der Gußhohlformen selbst schon als Imitation von Schnitzwerk gelten könnte.

Gußharz-Geschirrablage

Linkrusta-Fries
Das Flachrelief-Fries (rechts) besteht aus Linkrusta, einem patentierten Typ von Gußplastik des 19. Jahrhunderts. Es enthält Paraffinwachs, Schlämmkreide, Harz und Leinöl und eignet sich bemalt oder unbemalt sehr gut für die meisten Stildekorationen.

Bemaltes Linkrusta-Fries

Fliesen und Ornamente
Diese Plastikfliesen (rechts) geben jedes Detail der Originalvorlage wieder. Dekorative Verzierungen wie Blattmuster (rechts) oder der Kranz (unten) werden von einigen Fasergips-Herstellern immer noch aus Composition-Stuckgips gefertigt; doch diese hier bestehen aus Gußplastik und können mit speziellem Farbfinish oder Blattgold gestaltet werden. Sie können mit heißem Dampf gebogen und dann um Formen geschlungen werden.

Seildekoration
Bei Verwendung von Seilen in einem Dekorationsschema können Sie wählen zwischen Polyesterseilen (unten), die angemalt wundervoll aussehen, oder Hanfseilen, die man in Stuckgips oder Gesso (eine Gipsart) tauchen kann *(siehe S. 32).*

Bodenfliese, Terrakotta-Imitat

Schmuckfries aus Plastik

Weiße Gußplastik-Leiste

Blau angemaltes Polyesterseil

Plastikkranz

Bodenfliese, Marmorimitat

Einfache dekorative Effekte

Die Techniken dieses Abschnitts beziehen sich meist auf große Flächen wie Wände, Böden und Holzwerk. Doch einige von ihnen, z. B. Sprenkeln und Weißwachsen (»Kalken«), werden auch für Möbel und kleine Flächen verwendet. Alle sind leicht zu erlernen, kaum schwieriger als das Auftragen einer gleichmäßigen Farbschicht, und mit einer äußerst zufriedenstellenden Wirkung. Die meisten von ihnen basieren auf einem Farbaufbau, das heißt, auf eine Untergrundfarbe folgt ein dünner Farbanstrich oder eine Lasur. Besonders Farbtünchen bietet ein großes Anwendungsspektrum (es gibt drei Arten von Farbtünchen: eine für Holz und zwei für Wände).

Drei Beispiele für farbgesprenkeltes Holz auf einem weißgewachsten Holzpaneel (links)

Obenauf farbgetünchtes Holz; darunter liegendes Muster weißgewachst

Um Wänden die Zartheit und Tiefe von getöntem Putzhintergrund und orangem Brett (links) zu verleihen, bedient sich das Farbtünchen ähnlicher Farben.

Durch die Verwendung von kontrastierenden Untergrund- und dünnen Anstrichfarben ergeben sich beim Farbtünchen Textureffekte (rechts).

Benutzen Sie für den Effekt einer abgenutzten Wandoberfläche (links) die Technik der »Kalk«tünche.

Wenn Sie beim Farbtünchen drei Farben verwenden (unten), können Sie vielschichtige Strukturen herstellen.

FARBTÜNCHEN

Beim Farbtünchen handelt es sich um eine der einfachsten und wirkungsvollsten Anstrichtechniken für Wände. Sie entstand aus einer langen Tradition von wäßrigen Anstrichtechniken. Anstelle von Leimfarbe (die Standardfarbe Europas und der USA bis in die 50er Jahre), deren dürftige Deckeigenschaften oft geschickt mit dekorativen Pinselstrichen überspielt wurde, verwende ich einen selbst hergestellten, dünnen PVA-Anstrich oder einen stark verdünnten Emulsionsanstrich. Diese wasserverdünnten Anstriche werden auf weißen Emulsionsuntergrund aufgetragen, um glatten Wänden eine feinstrukturierte, transparente Oberfläche zu verleihen. Sie eignen sich jedoch auch sehr gut für schmeichelnde Anstriche auf alt gemachten, grob verputzten Wänden (siehe S.72–73) und auch, in verwandter Technik, zum Arbeiten mit dem Schwamm.

Die Grundierschicht beim Farbtünchen ist weiße Emulsionsfarbe. Wenn Wände bereits weiß gestrichen sind, vergewissern Sie sich, daß diese sauber sind. Ein verdünnter Anstrich wird grob auf die Grundierschicht aufgetragen. Das Muster der Pinselstriche wird dann mit einem feuchten Pinsel verwischt und schließlich nachgestrichen.

Farben

Weiche Farben wie Schmutzigrosa, Ockergelb, Grau, Terra di Siena natur, Creme oder blasses Beige wirken auf großen Wandflächen am zartesten.
Kräftigere Farben wie Terrakotta sind für das Farbtünchen von Sockeln reizvoll, wie in diesem venezianischen Arrangement (links oben).

Wahl der Anstriche

Sie können (wie ich hier) mit einem selbst hergestellten, dünnen PVA-Anstrich oder mit einer verdünnten Emulsion farbtünchen. Mit einem PVA-Anstrich ist am besten zu arbeiten, da alle sich nach dem Trocknen zeigenden harten Linien mit Wasser verwischt und nachgestrichen werden können. Für einen dünnen PVA-Anstrich mischen Sie Wasser, PVA und Farbpulver oder Tubenfarben auf Wasserbasis (Künstleracrylfarben oder Gouache) für kleine Flächen (siehe S. 157). Farbpulver sind hochgiftig, beachten Sie also die Vorsichtsmaßnahmen (S. 149). Damit die Wand abwaschbar wird, schließen Sie mit mattem Firnis ab.

Verwendung von Emulsion

Das Farbtünchen mit einer Emulsion ergibt ein weniger spektakuläres Finish. Zur Herstellung eines Emulsionsanstrichs verdünnen Sie die Emulsion im Verhältnis 1:4 mit Wasser. Da die Emulsion getrocknet zu einem wasserfesten Belag wird, lassen sich harte Ränder nicht befeuchten und ausgleichen. Tragen Sie deshalb den Anstrich (*1. Schritt*) jeweils nur auf einer Fläche von einem Quadratmeter auf, und verwischen Sie die Pinselspuren sofort (*2. Schritt*). Probieren Sie die Technik erst auf einem Stück Papier oder Brett aus, bis Sie sich sicher fühlen.

WERKZEUGE UND MATERIALIEN

Ich machte mit Terra di Siena natur (Farbpulver) einen PVA-Anstrich und verdünnte ihn zu einem hellen Farbton für die rauhe Wand. Nach dem Farbauftrag *(1. Schritt)* wird überschüssige Farbe mit dem Pinsel weggewischt.

ARBEITEN MIT DEM SCHWAMM

Ich betröpfelte eine Wand mit Farbpulver-Anstrichen und mit Wasser. Sobald die Tropfspuren getrocknet waren, verwischte ich sie mit einem feuchten Schwamm (unten), bis ein fleckiges Muster entstand (unten).

GLATTE WAND

1 *Tragen Sie die Farbtünche auf eine trockene, weiße Emulsionsgrundschicht auf, wobei Sie kreuzweise streichen. (Beim Emulsionsanstrich jeweils kleine Flächen bestreichen.)*

2 *Nach einigen Minuten (beim Emulsionsanstrich sofort) mit einem feuchten Pinsel leicht über die Oberfläche streichen und die Pinselspuren verwischen.*

3 *Wenn der Anstrich zu trocknen beginnt, mit festem Druck darüberstreichen und die übrige Farbe zu einem fleckigen Muster verarbeiten.*

UNEBENE WAND

1 *Tragen Sie für ein fleckiges Finish den Anstrich kreuzweise auf die weiße Emulsionsgrundschicht auf. Achten Sie darauf, daß die Wandvertiefungen gründlich eingestrichen sind.*

2 *Durch leichtes Überstreichen mit einem feuchten Pinsel die vorherigen Pinselstriche ausgleichen. Dasselbe fünf bis zehn Minuten später mit Druck wiederholen.*

3 *Wie diese halbfertige Wand zeigt, betont das Farbtünchen den Kontrast zwischen den erhabenen Stellen und Vertiefungen des unebenen Putzes.*

ALTERNATIVEFFEKT

Dieses Beispiel zeigt die Anwendung des *1.* und *2. Schrittes* bei glatten Wänden. Das Ergebnis ist eine einfacher aussehende Struktur mit mehr sichtbaren Pinselstrichen und feineren Farbkontrasten.

Farbtünchen mit drei Farben

Mit drei übereinander aufgetragenen Farbschichten sind unglaubliche Tiefen- und Struktureffekte zu erreichen. Diese können sogar an antike, mit Wasserfarben bemalte Wände erinnern wie in dem griechisch-römischen Badezimmer (links), wo der Sockel einen Farbaufbau von Creme, Gelb und Grün erhielt. Für die satt bronzefarbene Wand verwendete ich zwei selbst hergestellte PVA-Anstriche (einer in Ockergelb und einer in Terra di Siena gebrannt), die einen Schlußanstrich aus verdünnter, cremefarbener Emulsion erhielten. Der erste Anstrich erfolgte nach dem 1. *bis* 3. Schritt *für glatte Wände (siehe S.47), der zweite und dritte entsprechend dem* 1. *bis* 3. Schritt *hier gegenüber (siehe S. 49).*

Die drei ausgewählten Farben sollen unterschiedlich und doch miteinander verwandt sein. Wählen Sie Kombinationen von Tomatenrot, Terrakotta und Beige oder von Blaugrün, Grünblau und Blaßblau.

Die dritte Farbe sollte blasser als die anderen sein, da sie die Textur weicher machen und die Oberfläche mit einer milchig-durchscheinenden Schicht bedecken soll. Es ist wichtig, sie sparsam und mit zarten Pinselstrichen aufzutragen.

Farbauswahl

Für die beiden ersten Schritte verwende ich selbst hergestellte, dünne Anstriche, da sie reiner und farbintensiver als gebrauchsfertige sind und zu einer ausgeprägten Texturierung führen. Die Farbqualität des Schlußanstrichs ist nicht wichtig (er sollte lediglich für ein blasses, staubig wirkendes Finish sorgen), weshalb ich Emulsion nehme.

Farbpulver sind hochgiftig, seien Sie also äußerst vorsichtig und vermeiden Sie jeglichen Hautkontakt. Beachten Sie auch die Vorsichtsmaßnahmen auf Seite 149.

Lassen Sie für ein ganz weiches Finish PVA weg und firnissen Sie den Anstrich, sobald er trocken ist. Oder verdünnen Sie für ein Finish mit leichter Textur bei allen drei Anstrichen die Emulsion im Verhältnis 1:4 mit Wasser.

Vorbereitung

Wie das einfache Farbtünchen eignet sich auch diese erweiterte Technik für glatte und rauhe Wände, wobei weiße Emulsion der beste Grundanstrich ist. Diese ist mit einem Malerpinsel und nicht mit dem Farbroller aufzutragen. Farbroller hinterlassen eine deutliche Textur, die beim Farbtünchen sichtbar wird.

Arbeitssystem

Arbeiten Sie beim zweiten Farbauftrag jeweils nur an einer Fläche von etwa einem Quadratmeter. Die Farbe aufstreichen (*1. Schritt*), dann an trocknenden Stellen weiterarbeiten (*2. Schritt*), und das jeweils im Fünf-Minuten-Intervall. Variieren Sie die Form Ihrer Quadrate, damit sich keine harten, überlagernden Ränder bilden.

Farbpulver Terra di Siena gebrannt

Farbpulver Ockergelb

Cremefarbene Emulsion

Flächenstreicher mittel

Großer Malerpinsel breit

PVA

Werkzeuge und Materialien

Mischen Sie für die beiden ersten Farbtünchen Ockergelb bzw. Terra di Siena gebrannt (oder Tubenfarben auf Wasserbasis), Wasser und fünf Volumenprozent PVA (siehe S. 157). Für den dritten Anstrich verdünnen Sie cremefarbene Emulsionsfarbe im Verhältnis 1:6 mit Wasser. Für einen Durchschnittsraum brauchen Sie jeweils etwa ein bis zwei Liter. Nehmen Sie hochwertige Malerpinsel, billige verlieren Borsten.

Farbtünchen mit drei Farben

1 *Auf eine fast trockene ockergelbe Farbtünche (befolgen Sie den 1. bis 3. Schritt für glatte Wände auf S. 47) wird ein Farbauftrag von Terra di Siena gebrannt gegeben. Die Farbe locker kreuzweise mit viel Druck ausstreichen, damit gut sichtbare Pinselstriche entstehen.*

2 *Wie beim einfachen Farbtünchen werden Zartheit und Tiefe durch Verstreichen der trocknenden Farbe erreicht. Nehmen Sie einen fast trockenen Farbpinsel, und verstreichen Sie mit starkem Druck die vorherigen Pinselspuren in alle Richtungen, um komplexe Strukturen zu erzeugen.*

3 *Wenn nach einigen Stunden die Wandoberfläche ganz trocken ist, tragen Sie den dritten, blasseren Anstrich auf. Nur eine kleine Menge davon so auf der Oberfläche verteilen, daß ein feiner Farbschleier entsteht. Diesmal mit leichtem Druck arbeiten, damit keine Pinselspuren zurückbleiben.*

Farbgetünchtes Schablonenmuster

Ich schablonierte dieses Design mit goldener Sprühfarbe und trug dann Terra di Siena gebrannt auf (1. und 2. Schritt). Danach folgte der letzte, blasse Anstrich (3. Schritt). Sobald dieser trocken war, arbeitete ich stellenweise das Design heraus, indem ich mit einem mit Brennspiritus befeuchteten Lappen den blassen Farbschleier abrieb.

Muster hinzufügen

Farbgetünchte Wände sind ein wirkungsvoller Hintergrund für schöne Details. Hier trug ich mit Hilfe einer Schablone braune Sprühfarbe auf und fügte mit einem feinen Pinsel schwarze Details dazu.

Farbtünche auf Holz

Holz mit wasserlöslichen Farben zu bemalen hat eine lange Tradition. Im Gegensatz zu einem dicken, die darunter liegende Holzmaserung ganz verdeckenden Farbauftrag, läßt das Farbtünchen die natürlichen Eigenschaften von Holz zur Geltung kommen. Bei dieser Technik werden ein bis zwei dünne Farbanstriche auf das blanke Holz aufgetragen. Die Farbe wirkt eher wie eine Holzbeize, da sie das Holz tränkt und färbt und die natürliche Maserung betont. Der 1. *und* 2. Schritt *zusammen ergeben ein schöneres Finish als nur der* 2. Schritt. *Der* 3. Schritt *dient dazu, das Holz stärker herauszustellen. Wird nur der* 2. Schritt *angewendet, ergibt sich ein Finish wie z.B. beim Fußboden der englischen Barockausstattung (oben).*

Die Idee, in Wasser gelöste Farbe direkt auf Holzböden oder -wände aufzutragen, wird oft mit Entsetzen aufgenommen. Denn Wasser läßt für gewöhnlich die Fasern aufquellen und wirkt oft den holzeigenen Harzen und Ölen entgegen.
Aber blankes Holz und Emulsionsfarbe passen absolut zusammen, da die Emulsion ein Polyvinylbindemittel enthält, das Farbe und Holz miteinander verbindet. Sollte das Holz dennoch etwas quellen, schleifen Sie es leicht ab.

Vorbereitung

Achten Sie darauf, daß auf abgebeiztem Holz keine Farb- oder Lackreste vorhanden sind. Chemisch abgebeiztes oder gebleichtes Holz sollte zur Neutralisierung der Chemikalien mit einer Mischung aus Essig und Wasser im Verhältnis 1:20 abgewaschen werden. (Siehe auch die Ausführungen auf S. 46–47.)

Farben wählen

Blasse Farben wie weiches Blau, Olivgrün, Weiß oder Rosa passen am besten zu den natürlichen Farbtönen von hellem Holz (z.B. Kiefer) und etwas kräftigere Farben zu dunklerem Holz (z.B. Eiche). Bedenken Sie bei der Farbwahl, daß verdünnte Farbe viel weniger intensiv wirkt.
Um festzustellen, daß die verdünnte Emulsion die richtige Konsistenz und Farbe hat, probieren Sie diese erst auf einer kleinen Holzstelle aus. Eine korrekt verdünnte Farbtünche wird nach 20 Minuten vom Holz aufgesogen sein, ohne daß die Maserung beinträchtigt ist.
Wenn es notwendig erscheint, kann die Emulsionsfarbe durch Vermischen mit etwas Tubenfarbe auf Wasserbasis (Künstleracrylfarben oder Gouache) verändert werden.

Lackieren

Farbgetünchte Böden oder andere strapazierfähige Flächen sollten leicht abgeschliffen, mit Einlaßgrundiermittel gestrichen und dann lackiert werden. Das Einlaßgrundiermittel hindert den Lack daran, in das farbgetünchte Holz einzuziehen und es dunkel zu färben. Lack wird die Oberfläche etwas gilben lassen.

Emulsionsfarbe

Farbpulver
Umbra natur

Tuch

Malerpinsel
breit

WERKZEUGE UND MATERIALIEN

Für den *1. Schritt* mischen Sie Farbpulver Umbra natur (oder Künstleracrylfarbe oder Gouache) mit Wasser. Da Farbpulver giftig sind, beachten Sie die Vorsichtsmaßnahmen (S. 149). Damit der Anstrich entsprechend dem *2.Schritt* erfolgen kann, geben Sie Wasser zur ausgewählten Emulsionsfarbe, bis sie dünn wie Milch ist. Zum Auftragen der Farben benötigen Sie einen Malerpinsel und zum Freiwischen der Holzmaserung ein Tuch.

1 Für eine feine Farbvariation streichen Sie (in Maserungsrichtung) zunächst das blanke Holz mit einem dünnen Anstrich aus Umbra natur. Die Mischung öfter umrühren, damit sich die Farbe nicht am Boden absetzt. Trocknen lassen.

2 Ist eine einfachere Oberflächengestaltung erwünscht, wird mit diesem Schritt begonnen. Mit einem Pinsel eine größere Lage verdünnter Emulsion auf das Holz klatschen und in Richtung der Maserung verstreichen. Die verdünnte Emulsion dringt ins Holz ein und tönt es leicht, läßt jedoch die natürliche Maserung und Struktur durchscheinen.

3 Um die Maserung noch stärker herauszubringen, 15 bis 20 Minuten warten. Dann die Holzoberfläche mit einem sauberen Tuch abwischen, wodurch etwas von der Farbe entfernt wird.

Farbgetünchte Holzwand

Verdünnte Emulsion wurde auf gebeiztes Holz gestrichen und dann im trockenen Zustand geschmirgelt (unten).

»KALK« TÜNCHE

Diese Technik gibt Wänden das Aussehen von gut gescheuerter altmodischer Kalktünche (die als Anstrich für Außenwände diente) und weißer Leimfarbe (als Innenanstrich). Ich entwickelte diese weder Scheuerbürste noch Kalktünche verwendende Technik, um Wänden ein gealtertes Aussehen zu geben. Dies empfielt sich zur Anpassung an abgenutztes Holzwerk oder naive, für mittelalterliche Innenräume typische Wandmalereien (unten). Gescheuerte Kalktünche als Wandfinish ergibt aber auch einen wirkungsvollen Hintergrund in ethnisch und ländlich gestalteten Räumen wie dem Santa-Fé-Eßzimmer (oben).

Ergänzende Techniken

Das auf alt gemachte Finish der ockerroten Wandmalerei und des handbemalten Ritters (den ich vergoldete und mit Wachs antikisierte) sind schmückendes Beiwerk an Wänden mit gekalktem Aussehen.

Ein unebenes und abgenutzes Aussehen wird erreicht, wenn auf einem Eierschalengrundanstrich auf Ölbasis eine Schicht wasserverdünnter Emulsionsfarbe trocken verstrichen wird. Reibt man dann mit Brennspiritus etwas von der Emulsion ab, so entsteht eine fleckig und gescheuert aussehende Wandfläche.

Die Grundschicht auftragen

Vergewissern Sie sich vor dem Auftrag des im Verhältnis 1:2 mit Terpentin verdünnten Eierschalenfarbenanstrichs, daß die Wände schmutz- und fettfrei sind. Die Farbe muß nicht glatt verstrichen werden, da nur wenige Stellen davon zu sehen sein werden. Nehmen Sie für ein authentisches Aussehen eine neutrale Farbe. Ich benutzte Eierschalenfarbe Terra di Siena natur und erreichte damit schrittweise die nebenstehende Wirkung (siehe S. 53). Ebenfalls passend sind Mittelbraun und Stuckrosa.

Trockenstreichen

Weiße Emulsionsfarbe wird nach einer Bühnenbild-Maltechnik, dem sogenannten Trockenstreichen, aufgetragen. Es ist leicht auszuführen, sollte jedoch, wie bei allen noch nicht bekannten Techniken, erst einmal auf einem Stück Holz ausprobiert werden: Eine kleine Menge Emulsionsfarbe auf einem Brett ausstreichen und gleichmäßig mit dem Pinsel verteilen.

Zunächst den Anstrich mit ganz leichten, die Wand nur streifenden Pinselstrichen auftragen. Wenn mehr Farbe dazu kommt, den Druck verstärken, bis man schließlich die Wand mit einem fast trockenen Pinsel in groben Strichen bearbeitet.

Endanstrich

Getrocknete Emulsionsfarbe ergibt eine feste Oberfläche, so daß die meisten Wände keinen weiteren Schutz brauchen. An viel frequentierten Stellen, wie z. B. einem Flur, mag es jedoch ratsam sein, den Anstrich mit einer Schicht Mattlack zu überziehen.

WERKZEUGE UND MATERIALIEN

Benützen Sie einen hochwertigen Malerpinsel, der das robuste Trockenbürsten ohne Borstenverlust aushält (*1.* und *2. Schritt*). Ein schwarzer Borstenpinsel (rechts) ist ideal. Für einen Raum von ca. 20 Quadratmetern brauchen Sie etwa fünf Liter Emulsion und zwei Liter Brennspiritus. Letzterer gibt giftige Dämpfe ab, das bedeutet: Fenster öffnen und nicht rauchen. Sie können auch eine Atemschutzmaske tragen (in Heimwerkerläden erhältlich).

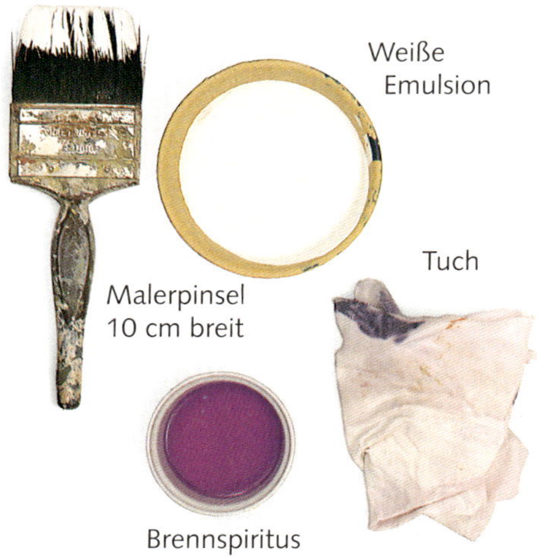

1 *Tauchen Sie die Borstenspitzen des Malerpinsels in die weiße Emulsion, und verteilen Sie die Farbe in den Borsten durch Druck gegen ein Holzbrett. Dann mit den relativ trockenen Borsten des gesamten Pinsels locker gegen den eierschalenfarbenen Grundanstrich anstreichen und allmählich den Druck verstärken, um wolkige Stellen von trocken gestrichener Farbe zu erreichen.*

2 *Wenn die Farbe ganz getrocknet ist, werden einige Stellen des Grundanstrichs durchschimmern. Falls Sie mehr Textur wünschen, tragen Sie mehr Farbe in der obigen Technik auf. Dann die Farbe trocknen lassen. Wollen Sie jedoch mehr Streicheffekt, überspringen Sie den* 2. Schritt *und fahren gleich mit dem* 3. Schritt *fort.*

3 *Ein Tuch mit Brennspiritus anfeuchten und damit die gesamte Oberfläche abreiben. Brennspiritus löst die trockene Emulsionsfarbe etwas, legt an manchen Stellen den Grundanstrich frei und überzieht die gesamte Oberfläche mit einem weißen Film. Tragen Sie beim Abreiben von großen Flächen wasserdichte Handschuhe, um eine Aufnahme des Spiritus über die Haut zu vermeiden.*

FARBIGE ALTERNATIVE

Mit zwei Pinseln strich ich gleichzeitig indigo- und purpurfarbene Emulsion auf einem rosabraunen Eierschalengrundanstrich trocken und rieb dann die Wand kräftig mit Brennspiritus ab. Somit erzielte ich einen stark abgenützten Effekt.

Geglättete Öllasuren

Transparente Öllasuren sind ein unübertreffliches Dekorationshilfsmittel. Bei dieser simplen Technik erhält eine gestrichene Oberfläche durch eine mit Künstlerölfarben getönte Lasur einen weichen Farbschleier und somit eine einzigartige Wirkung. Lasuren können vertrieben und geglättet werden (1. bis 4. Schritt*) und damit frisch gestrichenen Oberflächen, wie der hier gezeigten Wand (links), einen warmen, antiken Schimmer und eine subtile Tiefe verleihen. Lasuren können Farben auch intensiver und komplexer erscheinen lassen, wie z. B. das tiefe Blau der Wand im mittelalterlich gestalteten Schlafgemach (siehe S. 100, oben links). Gestrichene Leisten wie Sockelumrandungen und Schnitzwerk können durch Stupfen und Wischen der Lasur besonders betont werden.*

Sie können transparente Öllasuren fertig kaufen oder selbst herstellen (siehe Rezept auf S. 156). Sie werden mit Terpentin oder Brennspiritus zu einer cremigen Konsistenz verrührt und dann mit Künstlerölfarben zu einer satten Farbmixtur vermischt. Die Mischung hat den Vorteil, daß sie nicht so dünnflüssig wie Farbe, aber auch nicht so zäh wie Lack ist.

Ist die verdünnte Öllasur beim Verstreichen zu sirupartig, geben Sie noch etwas Terpentin dazu; erscheint sie dagegen zu dünn, verdicken Sie sie mit mehr Lasur.

Lasuren können mindestens eine halbe Stunde nach dem Auftragen noch bearbeitet werden und sind nach sechs bis zehn Stunden ganz durchgetrocknet.

Vorbereitung

Der Standarduntergrund für transparente Öllasuren sind zwei glatte Schichten Eierschalenfarbe. Aber Sie können auch bedrucktes Papier lasieren, wie ich z. B. auf der gegenüberliegenden Seite (*1. bis 3. Schritt*, S. 55). Die Oberfläche muß so glatt wie möglich sein, da die Lasur in den winzigsten Eckchen und Ritzchen haften bleibt und sich dann als dunkle Flecken zeigt. (Die einzige Ausnahme bildet das Antikisieren, bei dem dunkle Spuren beabsichtigt sind.)

Farben für einen Antikeffekt

Lasuren können mit jeder Künstlerölfarbe getönt werden, doch sind es ganz bestimmte Farben, die den Antikeffekt erzeugen. Es sind unter anderem Umbra natur, die ich zum Lasieren der gemusterten Wand (S. 55, links) und des Kragsteins (S. 55, rechts außen) verwendete, aber auch Terra di Siena natur, Umbra gebrannt, Van-Dyck-Braun sowie jede dieser Farben jeweils mit Grau, Schwarz oder Weiß vermischt.

Firnissen und Polieren

Mit transparenter Öllasur beschichtete Oberflächen sollten immer gefirnißt werden, da auch eine getrocknete Öllasur weich bleibt und mit der Zeit abgetragen wird.

Für ein exquisit glattes Finish wird die gefirnißte Oberfläche mit allerfeinster Stahlwolle mit Bienenwachs eingerieben und anschließend mit einem weichen Staubtuch sorgfältig auf Hochglanz poliert.

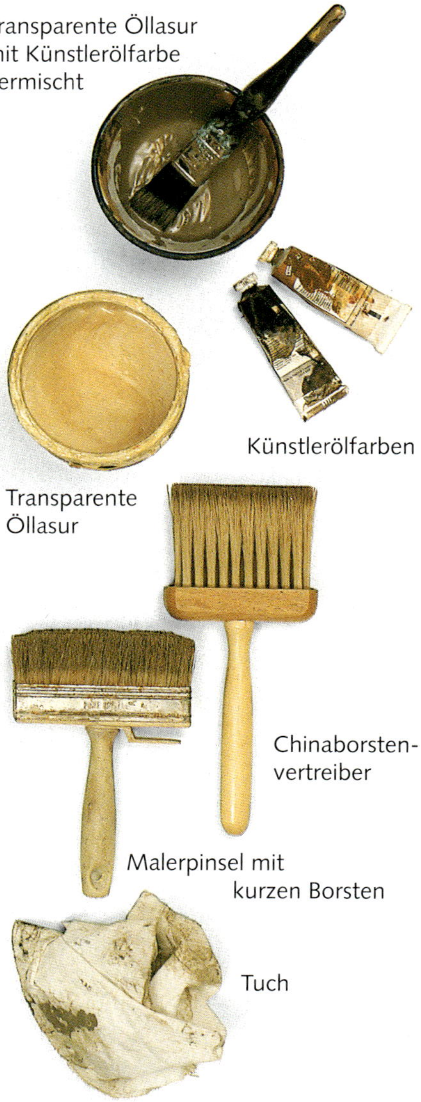

WERKZEUGE UND MATERIALIEN

Sie benötigen zwei Malerpinsel: einen für das Auftragen und einen zum Vertreiben der Lasur. Für den *3. Schritt* nehmen Sie einen weichen Vertreiber oder einen Malerabstaubpinsel. Verwenden Sie Künstlerölfarben zum Tönen der transparenten Öllasur, die vor dem Verstreichen opak aussieht, danach jedoch einen durchscheinenden Film bildet (siehe zum Tönen von Lasuren S. 157).

Geglättete Öllasuren

1 *Tragen Sie die Farblasur mit einem schmalen Malerpinsel auf. Sorgen Sie sich in diesem Stadium nicht, wenn die Farbe ein wenig fleckig wirkt. Die Lasur wird, solange sie frisch ist, noch einmal überstrichen.*

2 *Mit einem weichen, trockenen Malerpinsel wird jetzt die Lasur mit leichtem Druck gleichmäßig verteilt, wobei alle Pinselspuren und Farbflecken ausgeglichen werden. Während des Arbeitens erscheint die Lasurfarbe weniger kräftig. Gehen Sie zum Schluß nur noch mit hauchfeinen Strichen über die Oberfläche.*

3 *Mit den Haarspitzen des weichen Vertreibers (oder Abstaubpinsel) die Lasuroberfläche in alle Richtungen vertreiben, bis keine Pinselspuren mehr sichtbar sind und die gesamte Oberfläche absolut glatt ist.*

STUPFEN UND WISCHEN

Um gestrichenen Zierleisten mehr Plasizität zu verleihen, verwenden Sie die althergebrachte Technik des Stupfens und Wischens. Tragen Sie die Lasur auf. Dann einen steifen Malerpinsel (oder Stupfpinsel) im 90-Grad-Winkel halten und die Oberfläche leicht stupfen, damit sich ein Stupfmuster ergibt. Wickeln Sie dann ein Tuch um Ihre Finger, und wischen Sie über die erhabenen Stellen, um die darunterliegende Farbe freizulegen.

ANTIKE PATINA

Das antik-staubige Aussehen dieses Stuckkragsteins entstand durch transparente Öllasur und Eierschalenfarbe. Zunächst wurde der Kragstein mit getönter Öllasur (Umbra natur Künstlerfarbe) gestupft und dann gewischt (wie links unten). Darauf folgte ein Anstrich mit weißer Eierschalenfarbe (im Verhältnis 1:4 mit Terpentin verdünnt); die erhabenen Stellen wurden mit einem Tuch abgewischt.

Strukturierte Öllasuren

Transparente, mit Künstlerölfarben getönte und auf einer Grundfarbe aufgetragene Öllasuren haben Fließeigenschaften und eine Trocknungszeit, die geradezu ideal sind für ihre strukturelle Bearbeitung. Unglaubliche Effekte können erreicht werden, wenn z. B. ein Pinsel (Pinselzugtechnik) oder ein Kamm (Kammzugtechnik) durch eine Öllasur gezogen oder mit einem Schwamm, Lappen oder einer Plastiktüte Strukturen erzeugt werden (Texturieren). Diese Techniken können für vermischte Strukturen und Muster auch kombiniert angewendet werden. Sie eignen sich für Möbel genauso wie für große Flächen (die Wand in dem französischen Empire-Arrangement, oben links, wurde in der Pinselzugtechnik gestaltet).

Transparente Öllasuren haben die Durchsichtigkeit, Leuchtkraft und Tiefe von Wasserfarben, sind jedoch (anders als Wasserfarben) gut zu verarbeiten, da sie langsam trocknen. Sie können mit einem Pinsel, Kamm, Lappen oder einer Plastiktüte eine halbe bis eine Stunde lang bearbeitet und gestaltet werden.

Zu gestaltende Oberflächen

Zugtechniken oder Texturierungen sind effektvolle Gestaltungsmöglichkeiten von Wänden, Türen, Sockeln und Möbeln. Das Durchziehen eines Kammes durch eine Öllasur ist bestens dazu geeignet, alte Möbelstücke aufzufrischen. Mit einem Schwamm anstelle eines Lappens oder einer Plastiktüte (die lebendige Muster ergeben) kann jeder Oberfläche, besonders Wänden, ein weicher, gedämpfter Charakter verliehen werden.

Farben wählen

In dem französischen Empire-Arrangement (oben) grundierte ich die Wand mit malvenfarbener Eierschalenfarbe. Dann trug ich eine dunkelblaue Öllasur auf (zur Mischung von Farben mit Öllasuren siehe S. 157) und zog dann einen Schlagpinsel hindurch, um die Untergrundfarbe durchschimmern zu lassen. Zur Texturierung mit Lappen oder Plastiktüte gab ich auf einen roten Grundanstrich rote Öllasur.
Bei all diesen Techniken hängen die zu wählenden Farbkombinationen weitgehend von der Atmosphäre des Raums und dem Charakter des zu verschönernden Stückes ab. Man sollte jedoch grelle Farbkontraste zwischen dem Grundanstrich und der Lasur vermeiden.

Texturieren mit der Plastiktüte *Wird mit einer zerknüllten, evtl. mit Terpentin befeuchteten Plastiktüte auf frische Lasur getupft, ergeben sich Strukturen.*

WERKZEUGE UND MATERIALIEN

Sie können transparente Öllasur fertig kaufen oder selbst machen (Rezept S. 156). Für das Tönen mit Farbe (entweder Künstlerölfarbe oder Universalabtönpaste) siehe Seite 157. Benützen Sie für die Pinselzugtechnik einen Schlagpinsel oder einen anderen langhaarigen Pinsel. Ein Abstaubpinsel kann anstelle des teureren Rindsohrhaar-Verteibers beim *2. Schritt* der Texturierung durch Lappen verwendet werden.

Strukturierte Öllasuren

1 *Tragen Sie mit einem Malerpinsel eine mit dunkelblauer Künstlerölfarbe getönte transparente Öllasur auf einen Eierschalenfarben-Grundanstrich gleichmäßig und dünn auf.*

2 *Die Lasur mit einem Abstaubpinsel (oder einem Vertreiber) in vertikalen Strichen glätten und dann noch gleichmäßiger auf der Fläche verteilen.*

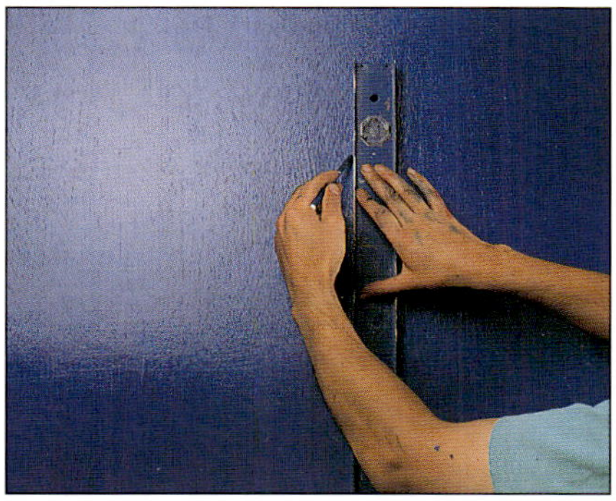

3 *Halten Sie eine Wasserwaage an die frische Lasur, und ziehen Sie vertikale Führungslinien, indem Sie die Kante eindrücken oder mit einem stumpfen Stift Linien ziehen.*

4 *Dann den Linien folgend langsam einen Schlagpinsel oder langhaarigen Malerpinsel mit gegen die Oberfläche gerichteten Borsten durch die Lasur ziehen.*

TEXTURIEREN MIT DEM LAPPEN

1 *Überziehen Sie getrocknete Eierschalenfarbe mit Lasur. Dann einen etwas zerknüllten Lappen (oder auch Leder) zur Erzielung eines »gebrochenen« Effekts über die frische Lasur tupfen oder rollen.*

2 *Die Lasur eine halbe Stunde trocknen lassen. Anschließend nur mit der Spitze eines weichen Vertreibers die Strukturen leicht verwischen.*

KAMMZUGTECHNIK

Für Streifenmuster ziehen Sie einen Metall- oder Gummikamm durch die frische Lasur. Kämmen Sie dann quer im rechten Winkel oder in sehr spitzen Winkeln, um eine holzähnliche Maserung zu erzielen.

»Gekalktes« Holz

Wie gekalkt aussehendes Holz hat einen weichen, weißen Schimmer und eine fein betonte Maserung, was Möbeln, kleinen Gegenständen, aber auch größeren Flächen wie der Sockelvertäfelung (links) gut steht. Das Kalken stammt aus dem Europa des 16. Jahrhunderts, wo Möbel und Holzverkleidungen zur Reinigung und zum Schutz gegen den Holzwurm mit einer ätzenden, gelöschten Kalk enthaltenden Paste bestrichen wurden. Die weißen, in den Holzporen zurückbleibenden Pigmente zählten als dekoratives Finish, so daß das Kalken im 17. Jahrhundert Mode wurde – jedoch mit einem bösen Nachteil für die Anwender: Die Paste zerfraß ihre Nägel und Finger, und die Dämpfe reduzierten drastisch ihre Lebenserwartung. Glücklicherweise haben wir heute weniger schädliche Mittel.

Die gebräuchlichste Mischung, Ihrem Holz einen Kalkeffekt zu verleihen, ist eine harmlose Paste aus Wachs und weißen Pigmenten: Weißwachs. Sie können es fertig kaufen oder aus Bienenwachs-Möbelpolitur und weißen Pigmenten selbst herstellen (siehe S. 157).

Vorbereitung

Nur blankes Holz kann weißgewachst werden und sollte zuvor mit einem Schellack-Einlaßgrundiermittel versiegelt werden. Lack oder Beize auf Holz muß erst abgelöst bzw. gebleicht, dann mit einer Essig-Wasser-Lösung (1:10) gewaschen und schließlich leicht in Richtung der Holzfasern abgeschliffen und versiegelt werden.

Geeignete Hölzer

Nur bestimmte Holzarten können effektvoll mit Weißwachs behandelt werden. Die geeignetsten sind offenporige Hölzer (deren rißartige Porenstrukturen der Faserrichtung folgen). Nach Eiche – wie hier die Vertäfelung (S. 59) – ist Esche am besten. Obwohl Kiefer nicht offenporig ist, kann sie weißgewachst werden, wenn zuvor mit einer Drahtbürste künstliche Einrisse gemacht worden sind. Dabei ist mehr Druck auszuüben als im *1. Schritt*, wo die natürlichen Poren der Eiche nur geöffnet werden. Dann folgen der 2. und *3. Schritt*. Auch geschnitzte und abgenutzte Kiefernhölzer können mit Weißwachs behandelt werden.
Buche ist zu hart und geschlossenporig, um sie mit einer Drahtbürste vorzubereiten. Sie können weiße Eierschalenfarbe, im Verhältnis 1:4 mit Brennspiritus verdünnt, auftragen und dann von den erhabenen Stellen abreiben, so daß »gekalkte« Buche entsteht.

Alternative Technik

Da es nicht möglich ist, Schlußfirnis auf Weißwachs aufzutragen, sollten sehr strapazierte Flächen wie Fußböden oder Arbeitsplatten mit einem Gemisch aus Wasser und weißen Pigmenten (siehe S. 157) »gekalkt« werden (siehe *1.* bis *3. Schritt*). Nach dem Trocknen wird eine Schicht Schellack-Einlaßgrundierung aufgetragen und, sobald diese getrocknet ist, mit einer Lackschicht abgeschlossen.

Schellack-Einlaß-grundierung

Steifer Malerpinsel und Weißwachs

Steife Drahtbürste

Weiches Tuch

WERKZEUGE UND MATERIALIEN

Das rohe Holz wird mit schnelltrocknender Schellack-Einlaßgrundierung versiegelt, bevor Sie die Maserung mit einer steifen Drahtbürste öffnen. Tragen Sie mit einem Malerpinsel zuerst Schellack auf (reinigen Sie den Pinsel mit Brennspiritus) und dann Weißwachs (reinigen Sie den Pinsel mit Terpentin). Weißwachs kann fertig gekauft oder selbst gemacht werden (siehe S. 156). Zusätzlich benötigen Sie einige weiche Tücher zum Abreiben des überschüssigen Weißwachses und zum Polieren.

1 Bürsten Sie das vorbereitete Holz mit festem Druck mit einer Drahtbürste, damit sich die Maserung öffnet. Sollten Sie nicht fest genug gebürstet und nicht genügend Paste aufgetragen haben, bürsten Sie einfach nochmal. Arbeiten Sie immer in Richtung der Holzfasern, damit es keine Kratzer gibt, denn diese würden sich unangenehm bemerkbar machen.

2 Das Weißwachs wird mit einem steifen Malerpinsel in kreisenden Bewegungen in die Maserung eingestrichen. Sie werden bald feststellen, wo die offenen Poren das Weißwachs aufnehmen. Bearbeiten Sie jeweils eine Fläche von etwa einem halben Quadratmeter, und sorgen Sie sich in diesem Stadium nicht über ein fleckiges Aussehen.

3 Lassen Sie das Wachs etwa zehn Minuten leicht anhärten. Spannen Sie dann eine Lage des Tuchs über die Finger, und reiben Sie das überschüssige Wachs in kreisenden Bewegungen ab. (Das gespannte Tuch verhindert, daß das Wachs aus der Maserung gehoben wird.) Polieren Sie nach weiteren 15 Minuten mit einem sauberen Tuch nach.

»Gekalkte« Kiefer *Neue Kieferbretter wurden farbgetüncht (siehe S. 50–51) und dann mit einer Mischung aus Wasser und weißen Pigmenten »gekalkt«.*

Sprenkeln

Mit ein wenig Übung ist Sprenkeln leicht zu erlernen und kann zum Verschönern von Wänden, Möbeln und kleinen Gegenständen dienen. Ein Künstlermalpinsel voll Farbe wird gegen einen Stock geklopft, die Farbe fliegt vom Pinsel und landet als kleine Pünktchen auf der jeweiligen Oberfläche. Je mehr Farbe abgeklopft wird, desto komplexer ist das Endergebnis, besonders wenn mehr als eine Farbe verwendet wird. Die tomatenrote Wand des Arrangements (oben) wurde für ein exotisches Aussehen zuerst mit schwarzer Öllasur und dann mit Goldfarbe gesprenkelt. Farbe kann auch dicht gesprenkelt werden, so daß sie wie Porphyrit (ein leicht violettes Ergußgestein) und Granit aussieht (S. 61, rechts außen).

Neben Farbe und Lasur können auch Tinte und Lack gespritzt und damit, je nach Pinselart und Farbmenge, große Effekte erzielt werden. Verwenden Sie für kleine Gegenstände eine Zahnbürste oder einen Schablonierpinsel, und verdünnen Sie das Malmittel auf die Konsistenz von Milch. Für einen Graniteffekt spritzen Sie graue, dann weiße Emulsion auf eine dunkelgraue Grundschicht; für einen Porphyriteffekt sprenkeln Sie purpurne, schwarze und rosa Farbe auf einen rostrosten Untergrund.

Die Farbpunkte kontrollieren

Beim Abspritzen der Farbe vom Pinsel werden die Farbpunkte kleiner. Jedesmal, wenn wieder Farbe auf den Pinsel gegeben wird, klopfen Sie etwas an einem Lappen ab, damit Sie die gewünschte Größe von Farbkleckschen bekommen. Dann die Wand besprenkeln und den Vorgang wiederholen. Damit der Holzstab weniger vibriert, kann er mit einem Stück Stoff umwickelt werden.

Vorbereitung und Firnissen

Jede Oberfläche kann gesprenkelt werden, ob sie nun gestrichen, ungestrichen, glatt oder strukturiert ist. Diese Arbeitsweise macht Schmutz; decken Sie also alles mit Tüchern ab, und tragen Sie eine Atemmaske, Augenschutz und Handschuhe, wenn Sie empfindliche Haut haben. Nur mit transparenter Öllasur gesprenkelte Oberflächen müssen gefirnißt werden. Zur Abdeckung von Unebenheiten im Finish benützen Sie matten Firnis und bei einem polierten Finish glänzenden.

»Antik«tapete
Eine neue Tapete wurde lasiert, gesprenkelt und mit einer Krakelee-Oberfläche versehen (siehe S. 66–67).

WERKZEUGE UND MATERIALIEN

Sie benötigen Pinsel (alte, mit denen Sie gerne etwas herumschlagen) und einen »Sprenkel«stock (ein Stück Holz, gegen das Sie den Pinsel klopfen). Zum Tönen der Öllasur wird diese mit Künstlerölfarben gemischt (siehe S. 157). Goldfarbe ist in Läden für Künstlerbedarf erhältlich. Benützen Sie für kleine Gegenstände einen kleinen Pinsel mit steifen Borsten (eine Zahnbürste ist ideal) und Firnis, getönt mit Künstlerölfarbe (wie ich ihn benütze, rechts), Tinte, getönter Lasur oder Farbe (verdünnt, wenn nötig).

1 *Geben Sie zunächst schwarze Lasur auf den großen Pinsel, und schnellen Sie die überflüssige Farbe in Richtung Lappen etwas ab. Dann den Pinsel parallel zur Wand halten und mit der Pinselzwinge gegen den »Sprenkel«stock klopfen. Jetzt regnet es die Lasur in Pünktchen gegen die Wand. Wiederholen Sie das, bis die Wand gleichmäßig mit Punkten übersät ist.*

2 *Wenn die Lasur getrocknet ist, nehmen Sie einen kleineren Pinsel zum lockeren Übersprenkeln mit winzigen goldfarbenen Pünktchen. Wie im 1. Schritt schnellen Sie vor dem Besprenkeln der Wand bei jedem Nachladen des Pinsels die überschüssige Farbe auf Zeitungspapier oder einen Lappen.*

Sprenkeln im kleinen Format *Wie in der Abbildung mit dem Daumen über die leicht in getönten Lack oder Farbe getauchte Zahnbürste ziehen.*

Alt- und Antikeffekte

Beide Techniken haben zum Ziel, auf Anstrichen, Holz, Stuck, Plastik, Metall und sogar Papier Oberflächen zu gestalten, auf denen die Spuren der Zeit deutlich zu sehen sind. Auch wenn es zunächst seltsam anmuten mag, einem neuen Anstrich oder einer Stuckarbeit ein abgenutztes Aussehen zu geben, erhält eine Dekorationsgestaltung durch ein antikes Finish eine freundliche und weiche Atmosphäre. Es schafft auch eine Verbindung zwischen neuen und echten alten Gegenständen und Materialien. In diesem Abschnitt geht es also um die Anwendung von Wachsen und Lasuren zur Antikisierung von Oberflächen, wodurch Alt- und Antikeffekte auf neuen Anstrichen, Stuckarbeiten und Putzwänden sowie haarfeine Risse erzielt werden. Die drei ersten vorgestellten Techniken können unabhängig voneinander angewendet werden oder auch miteinander, falls ein komplexerer Effekt gewünscht wird.

Diese neue Stuckgipsform erhielt ihre antike Patina durch Schellack und Weißwachs.

Die patinierten (zur Technik siehe S. 64–65) Ritter aus Harz wurden mit Wachs antikisiert (zur Technik siehe S. 68–69).

Dieses Netz feinster Risse entstand durch Reißlack und bekam durch Sprenkelung mit dunkelbrauner Tinte die Imitation von Fliegenpünktchen.

Eine feine Sprenkelung mit braun getöntem Lack gibt diesem Schaukelpferd ein antikes Aussehen.

Zum Abtönen der Farben des hölzernen Kerzenständers und der bemalten Linkrusta wurden Antikwachse benützt.

Alte Farbe auf Holz (links) und eine gesprungene farbige Oberfläche (unten)

ALTANSTRICH AUF HOLZ

Raumgestaltungen mit altem oder alt und neu kombinierendem Mobiliar entbehren oft einer optischen Verbindung zwischen den älteren Teilen und den farblich gestalteten architektonischen Elementen wie Türen, Sockel-, Fußleisten und Holzvertäfelungen. Die sympathischste Lösung besteht oft darin, solchen Elementen (und Möbeln) ein abgenutztes, verblichenes Aussehen zu verleihen, so daß alle Elemente im Raum miteinander verbunden zu sein scheinen. Das Rezept für ein verblichenes Aussehen ist einfach: Wachs wird in Kombination mit einem Farbaufbau und teilweisen -abtrag verwendet. Die hier benützte Farbkombination ist das traditionelle, typisch skandinavische Blaugrün; es gibt jedoch auch lebhaftere Alternativen (siehe S. 21, rechts oben).

Besonders schön an dieser Technik ist, daß sie bei altem und neuem Holz angewendet werden kann. Bereits behandeltes Holz muß jedoch zunächst entsprechend vorbereitet werden: Entfernen Sie an alten Kiefernmöbeln erst einmal die gesamte Wachspolitur, indem Sie diese mit Terpentin oder Testbenzin und anschließend mit einem starken Reinigungsmittel abreiben. Wenn der Gegenstand lackiert oder bemalt ist, schleifen Sie die Oberfläche gut ab, oder tragen Sie das Finish am besten gleich ganz ab.

Wasserlösliche Farben

Bei der hier benützten Technik wird Emulsionsfarbe auf Wasserbasis (anstelle von Farbe auf Ölbasis) verwendet – eine Wahl, die heute für Holz nicht gerade selbstverständlich ist, aber einer alten Tradition entspricht. Früher wurde Holz meist mit wasserlöslichen Farben oder mit wäßrigen Anstrichen auf Essig- oder Bierbasis gestrichen; aber auch mit Kasein (einem latexartigen Milchderivat) gebundenen Anstrichen oder Gessofarben (in einem Kalk- und Leimgemisch gebundene Pigmente).

Die so entstehende komplexe Oberflächenwirkung läßt die zugrunde liegende simple Technik und das einfache Material kaum erahnen. Sorgen Sie sich nicht, wenn die Holzmaserung durch das Wasser in der Emulsionsfarbe etwas fasrig wird oder aufquillt: Später wird alles nachgeschliffen.

Oberflächenbehandlung

Diese Technik erzeugt den Eindruck von gesplittertem, abblätterndem und verblichenem Holz. Wirklichem Verschleiß sollten Sie indes mit einem Lacküberzug vorbeugen. Oder nehmen Sie Bienenwachs-Möbelpolitur, um dem Anstrich einen zarten Schimmer zu verleihen.

Bei den *Schritten 1* bis 6 gegenüber (siehe S. 65) handelt es sich um eine abschließende Holzbehandlung. Zusätzliche Effekte lassen sich mit den nachfolgend aufgeführten Techniken (S. 66–67) erzielen.

WERKZEUGE UND MATERIALIEN

Verwenden Sie Bienenwachs-Möbelpolitur oder ähnliches zum Abdecken, um den Eindruck eines splitternden oder abblätternden Aussehens zu erzielen, und halten Sie etliche alte Lappen und Schleifpapier bereit (Körnung 100 und 220). Verdünnen Sie den französischen Emaillack mit Brennspiritus.

1 Mit einer Schicht mittelbraunen französischen Emaillacks (im Verhältnis 1:2 mit Brennspiritus verdünnt) geben Sie dem Holz das Aussehen von dunkler alter Farbe. Gebeiztes Holz kann die Farbe beeinträchtigen.

2 Sobald der Emaillack trocken ist, tragen Sie Kleckse von Bienenwachs-Möbelpolitur oder ähnlichem mit einem kleinen Pinsel auf. Ziehen Sie einige davon mit dem kleinen Finger in Richtung Holzmaserung.

3 Das Wachs sollte man mindestens zwölf Stunden härten lassen. Dann mit leichtem Druck – damit sich das Wachs nicht verschiebt – eine reichliche Schicht Emulsionsfarbe auf das Holz auftragen.

4 Die Farbe gründlich trocknen lassen, was einen Tag dauern kann, wenn sie auf Wachs aufgetragen wurde. Dann erfolgt der zweite Farbauftrag mit Emulsionsfarbe, die im Verhältnis 1:3 mit Wasser verdünnt ist.

5 Eine halbe Stunde später kann mit dem Freilegen der Farbschichten und des darunter liegenden Emaillacks begonnen werden. Für hartnäckige Kleckse nehmen Sie Spachtel und Lappen, um so viel wie möglich vom Wachs zu entfernen.

6 Zum Glätten der Ränder mehr Farbe wegnehmen, um einen weichen Übergang zum freigelegten Holz herzustellen. Vorsichtig abschleifen – zuerst mit Schleifpapier der Körnung 100 und anschließend mit einem der Körnung 220.

FEINEFFEKT

Sie können mit *Schritt 6* abschließen oder einen noch feineren Effekt erzielen, indem Sie die gesamte Oberfläche mit der stark wasserverdünnten (1:4) ursprünglichen grünen Farbe, wie hier, oder mit einer völlig anderen Farbe überziehen.

KRAKELEE

Die meisten neu gestrichenen Möbel und Gegenstände, Zierleisten und sogar einige bemalte antike Teile (wie das Kopfende des Bettes, links) profitieren von der leicht verblichenen Schönheit eines Krakelee (feine Haarrisse in Glasur oder Lasur). Krakelee ist eine französische Erfindung des 18. Jahrhunderts und wurde durch die importierten, lackbearbeiteten orientalischen Keramiken und japanischen Raku-Töpferwaren inspiriert. Um die antike Patina eines Krakelee-Finish noch zu steigern, sprenkeln Sie zuerst leicht mit Fliegenpünktchen wie hier auf der Tapete, die Sie im Hintergrund sehen können.

Zwei (in einer Packung verkaufte) Lacke bewirken in ihrer kombinierten Anwendung diese Haarrisse: Der zuerst aufgetragene weiche, langsam trocknende Lack wird danach von einem spröden, schnell trocknenden Lack(auf Wasserbasis) überdeckt. Die Kunst liegt darin, zu erkennen, wann die zweite Beschichtung erfolgen muß.
Wenn der erste Lack sehr leicht klebrig wird, kommt der entscheidende Augenblick. Die durch das Zusammenwirken dieser beiden unterschiedlichen Lacke entstehenden Risse sind so fein, daß sie fast unmerklich bleiben, solange kein Schmutz dazwischen sitzt, oder, wie hier, ein Färbemittel wie angefärbte Öllasur hineingerieben wird (siehe *3.* und *4. Schritt*, S. 67).
Reißlack ist nicht für tief eingekerbte Oberflächen geeignet, da er sich in Vertiefungen ansammelt und dann nicht gleichmäßig trocknet.

FLIEGENPÜNKTCHEN

1 *Zur Imitation von Fliegenpünktchen auf einem Krakelee-Finish (oder jeder anderen bemalten Oberfläche) wird Tinte von einem Schablonierpinsel auf eine Oberfläche gespritzt.*

2 *Nach zwei Minuten die Tintenpünktchen mit einem saugfähigen Tuch abtupfen, ohne sie zu verschmieren, so daß leicht gesprenkelte Farbringe zurückbleiben.*

WERKZEUGE UND MATERIALIEN

Gebrauchsfertigen Reißlack gibt es in zwei Flaschen (siehe S. 140). Zum einen handelt es sich um einen Lack auf Ölbasis (oft Antik-Lack genannt), zum anderen um einen auf Wasserbasis. Zur Herstellung Ihres eigenen Reißlacks siehe S. 156. Mischen Sie transparente Öllasur im Verhältnis 1:1 mit Erdfarben (hier Grüne Erde und Umbra natur, Künstlerölfarben) zum Anfärben der Haarrisse. Mit einer Zahnbürste und Tinte auf Wasserbasis sorgen Sie für den Fliegenpünktchen-Effekt.

1 *Tragen Sie den Reißlack auf Ölbasis mit einem weichen Pinsel auf (ideal ist ein Borstenpinsel: siehe Erklärung S.124). Wichtig ist, daß die gesamte Fläche dünn, glatt und gleichmäßig beschichtet ist, um eine insgesamt gleichmäßige Trocknungszeit zu erzielen. Den Lack antrocknen lassen, bis er leicht klebrig ist, dann unverzüglich den 2. Schritt ausführen. (Vielleicht testen Sie die Trocknungszeit des Lacks, bevor Sie mit dem 1. Schritt beginnen.)*

2 *Tragen Sie mit einem Borstenpinsel reichlich Lack auf Wasserbasis auf, und achten Sie darauf, daß die darunter liegende Lackschicht völlig bedeckt wird. Etwa eine Stunde trocknen lassen. Jetzt zeigen sich feine Risse. Falls nötig, können Sie die Risse durch Erwärmen mit einem Fön noch mehr hervorheben.*

3 *Zur Betonung der Risse und Antikisierung des Lacks wird die gesamte Oberfläche mit angefärbter Öllasur eingerieben. Benützen Sie Ihre Finger oder ein Tuch. In diesem Stadium ergeben Erdfarben den besten Antikeffekt. Ich wählte eine Mischung von Grüner Erde und Umbra natur Künstlerölfarben; Sie können jedoch auch lebhaftere Farben nehmen.*

4 *Mit einem Tuch den größten Teil der Lasur abreiben, ohne sie jedoch aus den Rissen zu entfernen. Mehrere Tage trocknen lassen. Die zweite Lackschicht ist wasserlöslich; schützen Sie sie also mit einer Schicht Öllack, oder wischen Sie sie mit einem feuchten Schwamm ab, so daß nur die Risse Farbspuren behalten.*

ANTIKISIEREN

Bei dieser Methode wird ein transparentes Antikisiermittel (Lasur oder Wachs) zur Erzeugung eines gealterten Aussehens von Anstrichoberflächen benützt. Die Lasur oder das Wachs wird mit einem neutralen, stumpffarbenen Pigment (meist Braun) angefärbt, was die allmähliche Ablagerung von Schmutz und Staub auf einer jahrelang liebevoll polierten Oberfläche repräsentieren soll. Durch das Abtönen von Farben und Betonen abgenutzter Stellen erhält das Holz die weiche Schönheit, die sich im Lauf der Zeit ganz von selbst einstellt. Der neue Wandsockel aus Kiefer (S. 69) erhielt durch entsprechende farbliche Bearbeitung (siehe S. 64–65) einen Alteffekt und wurde dann mit Lasur antikisiert. Die holzgemaserte Vertäfelung (oben) wurde mit Wachs antikisiert.

Ganz im Gegensatz zu den üblichen Regeln für die Holzvorbereitung gilt hier: je rauher die Oberfläche desto besser. Das bedeutet, daß das Antikisiermittel am besten wirkt, wenn es in Kratzern, sonstigen Vertiefungen und offener Holzmaserung sitzt. Schleifen Sie deshalb eine neue Oberfläche, oder bearbeiten Sie sie mit einer Stahlbürste, oder geben Sie ihr ein gesplittertes bzw. rissiges Aussehen (S. 66–67).
Wenden Sie zur Antikisierung glatter Flächen die glättende Lasurtechnik an (S. 54–55).

Wachs kontra Lack

Die Wahl des Mittels hängt neben praktischen Überlegungen vom erwünschten Finish ab. Gewachste Oberflächen können zu einer glänzenden Antikpatina poliert werden. Bienenwachspolitur läßt sich mit Künstlerölfarben oder Farbpulvern einfärben, duftet gut und bietet einen gewissen Schutz.
Andererseits ergibt die Antik-Lasur einen unübertrefflichen Transparenteffekt. Sie braucht jedoch eine Schutzbeschichtung, da sie nicht ganz durchhärtet. Für stark strapazierte Stellen empfiehlt sich Öllack, den Sie zur Farbintensivierung mit Künstlerölfarben anfärben.

Andere Methoden

Für ein mehr deckendes, staubiges Aussehen beschichten Sie die Anstrichoberflächen mit einer dünnen, im Verhältnis 1:4 mit Wasser verdünnten Emulsion oder mit einer im Verhältnis 1:4 mit Testbenzin verdünnten Eierschalenfarbe.

»Alte« Farbe *Auf diesen Sockel wurde zuerst blaue, dann verdünnte salbeigrüne Eierschalenfarbe aufgetragen.*

WERKZEUGE UND MATERIALIEN

Schmutz und Staub lassen sich am besten mit Umbra natur und Terra di Siena natur darstellen. Für eine Antik-Lasur wird ein 1:8-Gemisch von Künstlerölfarbe und transparenter Öllasur hergestellt. Geben Sie die Lasur langsam zur Ölfarbe (siehe S. 157). Zur Herstellung von Antikwachs werden etwas Künstlerölfarbe, Farbpulver und Fullererde bzw. pulverisierter Tripel mit Bienenwachs-Möbelpolitur und etwas Terpentin gemischt (siehe S. 144). Farbpulver sind hochgiftig (beachten Sie die Vorsichtsmaßnahmen von S. 149). Benutzen Sie einen steifen Pinsel, etwa einen langen Borstpinsel, und streichen Sie das Antikisiermittel in alle Vertiefungen ein.

VERWENDUNG VON LASUR

1 Die Antik-Lasur sorgfältig als dünne Schicht über die gesamte Fläche verteilen und alle Risse und Vertiefungen damit füllen. Verwenden Sie einen langen Borstenpinsel oder einen kleinen Malerpinsel.

2 Reiben Sie die frische Lasur in feinen kreisenden Bewegungen ein, und wechseln Sie dabei ständig die Tuchseite. So erzielen Sie einen Hauch von Farbe auf der Oberfläche, aber viel Farbe in den Vertiefungen.

Endanstrich *Zum Schutz der lasierten, getrockneten Oberfläche wird fürs erste matter Öllack oder Bienenwachs-Möbelpolitur aufgebracht. Für einen zusätzlich Antikisiereffekt kann der Lack oder das Wachs vorher auch noch mit Künstlerölfarben angefärbt werden.*

VERWENDUNG VON WACHS

1 Verreiben Sie das Antikwachs in der gleichen Weise wie die Antik-Lasur auf der gesamten Oberfläche, und achten Sie auf gefüllte Vertiefungen.

2 Nach zehn Minuten den größten Teil des Wachses abreiben, so daß nur ein feiner Schleier zurückbleibt. Das Wachs in den Vertiefungen unberührt lassen.

3 Nach etwa einem Tag die dünne, auf der Oberfläche verbliebene Wachsschicht mit dem Staubtuch zu einer hochglänzenden Antikpatina polieren. (Diese Technik kann außerdem auf einer getrockneten Antik-Lasur zur Intensivierung der Farben angewendet werden.)

Antikisieren von Stuckgipsarbeiten

Weißer Stuckgips kann so matt und starr wirken, daß er förmlich nach einer Behandlung schreit. Die Verwandlung eines frischen Gesimses, einer Nische, Paneele oder eines Formteils (wie das auf S. 71, das als Lampenschirm in einem Biedermeier-Badezimmer hängt, links) geht leicht und schnell. Mit wenigen einfachen Hilfmitteln entsteht eine hauchzarte antike Patina oder auch eine Oberfläche, die an feinen kristallinen Marmor oder Alabaster erinnert. Die Ergebnisse sind so erstaunlich, daß sie dazu ermutigen, noch mehr Stuckarbeiten an Wänden ausfindig zu machen, diese umzugestalten und als eigenständige dekorative Artefakte zur Schau zu stellen.

Wenn Gips mit Hilfe einer Gipsform gegossen wird, dient Schellack als Formtrennmittel. In unserem Beispiel jedoch dient er als farbliche und texturale Bereicherung von neuem, unbemaltem Gips.

Wie das Material arbeitet

Bei dieser Technik ist das Schöne am Material die kurze Trocknungszeit. Schellack härtet in Minutenschnelle und Weißwachs in einer halben Stunde. Schellack löst sich zum Teil in Wasser, so daß eine poröse, befeuchtete Oberfläche wie Gips alles absorbiert und ein weiches, mattes Finish ergibt. Eine zweite, nach einigen Minuten auf die erste aufgetragene Schellackschicht (siehe 2. *Schritt*) ergibt nach der Trocknung eine stark getönte, glänzende Oberfläche.

Technische Varianten

Schellack bekommt man in den Farben Braun bis Orange. Sie können jedoch auch französischen Emaillack (siehe S. 141) verwenden oder Weißwachs mit Künstlerölfarbe anfärben.

Bei bereits bemaltem Stuckgips muß vor Anwendung der hier gezeigten Technik die Farbe abgelöst werden. Das ist jedoch zeitraubend, so daß Sie statt dessen besser Emulsionsfarbe darüber auftragen, um ein ähnliches Finish zu erzielen. Mischen Sie Schellack und Brennspiritus im Verhältnis 1:2, und wenden Sie dies sparsam an (*siehe 2. Schritt*). Folgen Sie dann dem 3. und 4. *Schritt*, aber erwarten Sie nicht den gleichen Glanz oder dieselbe Farbintensität.

Stuckgips verändern *Weißer Gips (links) wird nach Ausführung des* 1. *bis* 4. Schrittes *zu antikem Gips (rechts).*

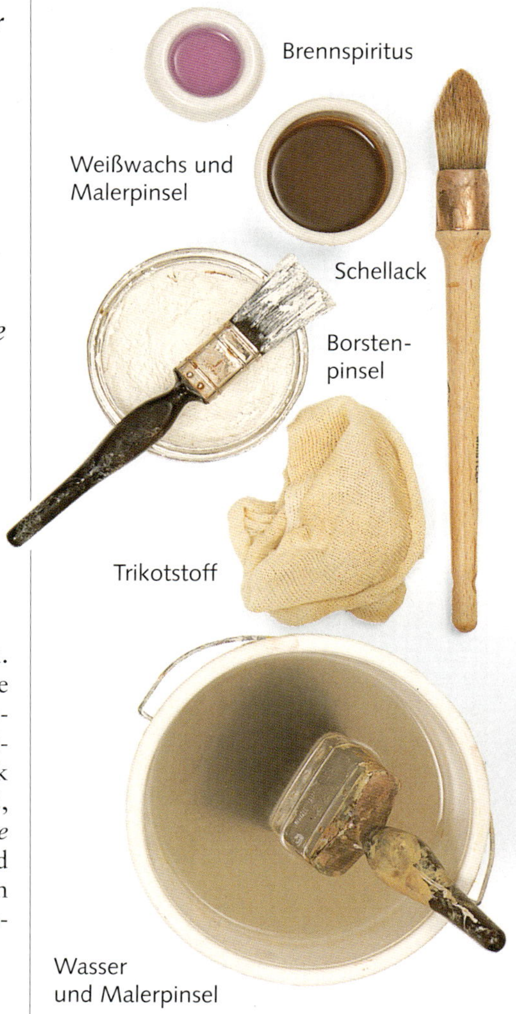

WERKZEUGE UND MATERIALIEN

Weißwachs kann fertig gekauft oder selbst gemacht werden (siehe S. 156). Schellack gibt es in verschiedenen Farbabstufungen. Wählen Sie einen sirupbraunen, den Sie mit Brennspiritus im Verhältnis 1:1 verdünnen, damit er besser zu verarbeiten und ein wenig heller ist. Den Schellack mit einem spitzen Pinsel, wie z. B. einem Borstenpinsel (siehe S. 124), auftragen.

Antikisieren von Stuckgipsarbeiten

1 Solange der Gips nicht frisch und deshalb sehr feucht ist, muß er zur Vorbehandlung für einen Schellackauftrag befeuchtet werden. Den Gips also mehrmals mit Wasser bestreichen und somit tränken – es ist erstaunlich, wie schnell das Wasser absorbiert wird. Bei einem Gesims jeweils nur eine Seite des Raums behandeln und nicht vergessen, alles mit Plastikfolie abzudecken.

2 Noch während der Gips feucht ist, mit einem steifen Pinsel den verdünnten Schellack in die Vertiefungen tüpfeln und stupfen (breite Striche vermeiden, da diese später zu sehen sind). Für eine matte, gefleckte Oberfläche eine Schicht auftragen; falls eine intensivere und glänzendere Farbe erwünscht ist, mit einer zweiten Schicht abschließen.

3 Den Schellack etwa zehn Minuten trocknen lassen und dann das Weißwachs einarbeiten. Sorgfältig alle Eckchen und Winkelchen einreiben, da sich sonst häßliche dunkle »Löcher« im Finish zeigen werden. Das Wachs gleichmäßig verteilen und den Überschuß mit dem Pinsel auf neue Flächen verteilen oder die Mischung mit Terpentin verdünnen.

4 Nehmen Sie sofort einen saugfähigen Lappen, z. B. Trikotstoff, und reiben Sie die erhabenen Stellen des Stuckformteils ab, um das Wachs abzutragen und den darunter liegenden Schellack freizulegen. An den glatten Stellen tupfen Sie mit dem Lappen ein Muster in das Wachs, wobei der größte Teil des Wachses abgenommen wird. Mindestens eine halbe Stunde härten lassen und dann auf Glanz polieren.

Wandputz mit Alteffekt

Obwohl es etwas abwegig erscheinen mag, eine perfekte glatte Wand scheinbar zu verunstalten und zu strapazieren, kann das Resultat zauberhaft sein, da es einem Raum Textur und Charakter verleiht. Die bröckelige Putzwand des Balkons im australischen Stil (links) erweckt den Eindruck verfallener Pracht, was für diesen Rahmen perfekt ist (siehe auch das mittelalterliche französische Schlafzimmer S. 100 und das venezianische Studio S. 46). Wenn Ihr Zuhause nicht mit den Spuren des Verfalls gesegnet ist, dann erwägen Sie unsere Technik für ein Speisezimmer, ein Schlafzimmer oder einen Gang – als theatralische Geste.

Diese Technik verwendet Wachs in ähnlicher Weise wie auf den Seiten 64 und 65 beschrieben. Erhitztes Wachs wird fleckenweise vor dem Verputzen aufgetragen, so daß die Putzschicht nicht anhaftet. Der getrocknete Putz kann dann an diesen Stellen locker und bröckelig abgetragen werden.

Vorbereitung der Wand

Putz kann auf gestrichene oder ungestrichene Wände aufgebracht werden. Die Anstrichfarbe wird an den abgeblätterten Stellen zu sehen sein; wenn Sie einen neutralen Effekt an der Wand wünschen, streichen Sie diese zuvor mit der Farbe Ihres Verputzes. Vor dem Auftragen des Wachses wird die Wand mit PVA (im Verhältnis 1:1 mit Wasser verdünnt) beschichtet.

Wahl des Putzes

Verwenden Sie für diese Technik weißen Baugips als Abschlußschicht. Er hat eine kürzere Abbindezeit als andere Gipsarten und kann, da er weiß ist, mit Farbpulver vermischt und angefärbt (siehe S. 157) oder trocken zum Farbtünchen (siehe S. 46–49) verwendet werden. Mischen Sie den Gips nach Anweisung des Herstellers mit Wasser, und geben Sie ein Prozent PVA für die bessere Haftfähigkeit dazu.

Gips auftragen

Die Gipsschicht darf nur einige Millimeter dick sein und ist deshalb relativ leicht aufzutragen. Wer jemals das Gipsen ausprobiert hat, weiß, wie schwierig es ist, eine wirklich ganz und gar glatte Wand herzustellen. Das Schöne an dieser Technik ist, daß Mäkel zum Finish beitragen. Der Trick bei der Verwendung einer Kelle ist, sie im leichten Winkel an der Wandfläche so anzusetzen, daß sie nur mit der Hinterkante die Wand berührt.

Alternativer Auftrag

Anstelle von Gips kann auch eine weiche, PVA-gebundene Beschichtung (erhältlich in Heimwerkerläden) verwendet werden. Diese ist leichter als Malergips zu verarbeiten. Sie wird mit einem Pinsel aufgetragen und dann mit einer Kelle kurz vor dem Festwerden geglättet. Diese weiche Beschichtung wird sich im getrockneten Zustand eher abschälen als abblättern und ergibt somit eine weniger ausgefranste Struktur.

Werkzeuge und Materialien

PVA dient der Versiegelung und dem Schutz von Oberflächen. Ein Volumenprozent ist mit Gipsputz und Wasser zu vermischen. Die Kelle dient zum Verputzen. Beim Verputzen großer Flächen lohnt sich die Anschaffung eines Mörtelbretts (ein von Hand gehaltenes Brett für den gemischten Gips). Es ist ratsam, beim *5. Schritt* einen Augenschutz zu tragen, da Gips in allen Richtungen von der Oberfläche abspritzen kann.

1 Versiegeln Sie die Oberfläche mit 1:1 mit Wasser vermischtem PVA, und lassen Sie diesen trocknen. Ich arbeitete auf einem farbigen Untergrund, aber das ist nicht notwendig.

2 Im Wasserbad gleiche Teile von Bienenwachspolitur und Terpentin leicht erhitzen. Anschließend wird das abgekühlte Gemisch in lockeren Flecken aufgetragen.

3 Solange das Wachs noch weich ist, den Gips mit der Kelle in einer dünnen Schicht mit breiten, bogenförmigen Bewegungen auf der gesamten Oberfläche auftragen.

4 Sobald der Gips abbindet, mit einem Pinsel viel sauberes Wasser aufspritzen und mit einer nassen Kelle Unebenheiten und sichtbare Spuren ausgleichen.

5 Den Gipsputz einen Tag trocknen lassen. Dann die Wand mit einem Klauenhammer oder Fäustel abklopfen, um den Gips an den gewachsten Stellen zu lockern und abzukratzen.

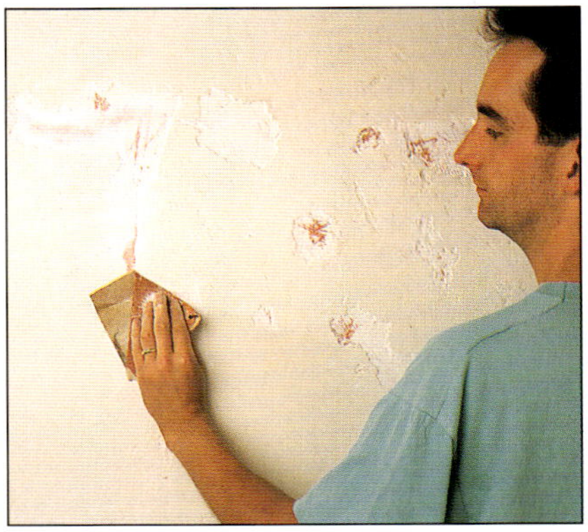

6 Die Wand zur Beseitigung von Kanten und Werkzeugspuren leicht abschleifen. Abschließend eine im Verhältnis 1:4 mit Wasser verdünnte PVA-Schicht auftragen.

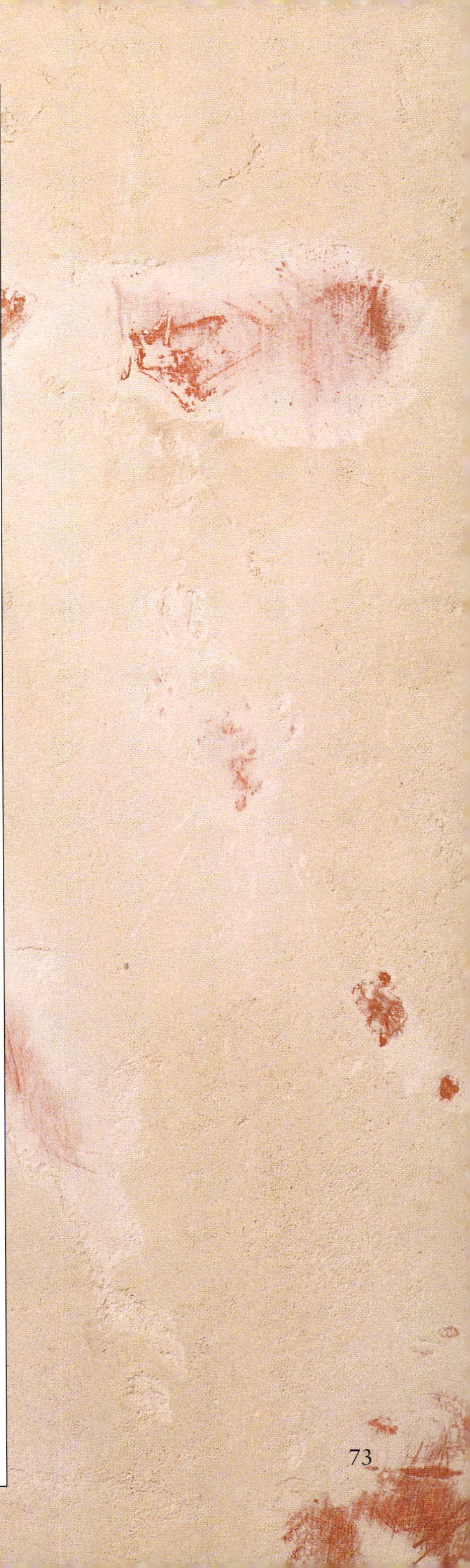

Täuschungseffekte

Täuschungseffekte verwandeln das Aussehen einer Oberfläche und gaukeln damit dem Auge etwas anderes vor. Nicht nur die Techniken der Imitation von Stein, Marmor, Holz, Rost, Gold und sogar Leder werden in diesem Abschnitt vorgestellt, sondern auch deren Anwendungsbereich. Genau wie gewöhnliche Materialien (Plastik oder Hartfaserplatten) mit schmückendem Dekor »eingebaut« werden können, verleihen täuschende Oberflächengestaltungen Räumen eine unerwartete Wirkung, zum Beispiel Wänden das dunkle Finish von Blei oder Fußleisten das staubige Aussehen von Terrakotta.

Blattgold – hier auf einer Holzleiste und einem Plastikornament – kann so aufgelegt werden, daß die Untergrundfarbe stellenweise durchschimmert.

Falschem Rost (unten) kann mit Sand eine körnige Struktur verliehen werden.

Beispiel eines Steinimitats mit Hilfe von Emulsionsfarbe (oben) und eines Holzimitats mit einem selbst hergestellten wäßrigen Anstrich (links).

Diese Holzfaserteile mit lederartiger Struktur in ungewöhnlichen Farben dienen einer Wandvertäfelung (siehe S. 80 links oben).

Der gelbe Sienamarmor (unten) und der braune Fossilienmarmor (ganz unten) sind exquisite Abschlüsse.

Plastikornament mit Gipsüberzug

Die Effekte von Terrakotta (oben) und Grünspan (rechts) werden durch den lockeren, farblich exakten Beschichtungsaufbau erreicht.

Pietra serena

Nichts ist geeigneter als eine Steinstruktur, um einem Innenraum zusätzlich Kraft und Gewicht zu verleihen. Dabei ist nicht das echte Material entscheidend, sondern die gelungene Imitation auf allen möglichen Materialien wie z. B. Holz, Plastik oder Gips (siehe den Raum im florentinischen Stil, links). Der hier imitierte Stein ist Pietra serena, ein roh geschnittener Marmor, dessen Farbe sich im Lauf der Jahre vom Grau zum weichen Braunton von Umbra natur verändert. Einst das wichtigste Baumaterial für die großartigen Renaissancebauten in Florenz, kann seine typische (von Dekorateuren oft für Außenstuck und Steinarbeit kopierte) Farbe einer Innendekoration italienisches Flair und historischen Akzent verleihen.

Das Typische dieses Steins – seine weiche Farbe, vielfältige Textur und blasse Äderung – kann mit einfachem Material imitiert werden. Zur Herstellung der Farbe von Pietra serena beginnen Sie mit einem dunklen, graubraunen Eierschalengrundanstrich. Wenn Sie keine passende Farbe finden, fügen Sie dunkelgraue Eierschalenfarbe langsam Umbra brauner Eierschalenfarbe hinzu (wenn Sie umgekehrt mischen, werden Sie eine zu kalte, blaue Farbe erhalten). Eierschalenfarbe kann auf die meisten Oberflächen angewendet werden, die jedoch korrekt grundiert werden müssen (siehe den Abschnitt über Oberflächen, S. 30–43). Jede alte Beschichtung ist vor dem Grundieren zu entfernen.

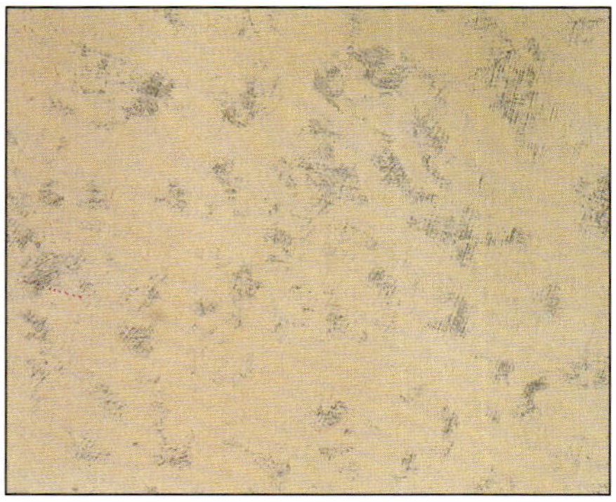

Kalksteinimitation *Den 1. bis 4. Schritt befolgen und dabei als Kalksteinfarbe eine hellbeige Strukturpaste verwenden.*

Steinstruktur

Tragen Sie zur Nachbildung einer abgenutzten, texturierten Steinoberfläche zuerst eine dicke Schicht aus blaßgrauer, mit Schlämmkreide vermischter Emulsionsfarbe auf. Diese wird nach dem Trocknen mit Brennspiritus abgerieben. Damit glätten Sie die rauhesten Stellen zum Teil und durchdringen an anderen Stellen die Schicht, so daß sich fleckenweise der glatte Eierschalengrundanstrich zeigt. Diese gefleckten Stellen ähneln den freigelegten oder erhabenen und durch Abnutzung blank geriebenen Teilen von Stein. Fügen Sie schließlich zur Imitation der typischen Gesteinsäderung feine weiße Linien hinzu. Den schützenden Abschluß bildet eine Schicht matter Öllack.

Werkzeuge und Materialien

Die Eierschalenfarbe dient als Grundanstrich und die mit Wasser verdünnte Emulsion zur Zeichnung der Äderung. Die Strukturpaste besteht aus Emulsionsfarbe und Schlämmkreide. Schlämmkreide solange zugeben, bis das Gemisch fest wird und das Aussehen einer erstarrenden Butterglasur annimmt (es sollte Spitzen bilden). Mit einem Malerpinsel tragen Sie den Grundanstrich und die Paste auf, für die Äderung nehmen Sie einen Schwertschlepper oder Linierpinsel (siehe S. 124).

1 Tragen Sie eine dicke Schicht Strukturpaste auf den dunklen graubraunen Eierschalengrundanstrich auf. Ziehen Sie den Pinsel scharf von der Paste weg, damit eine Tupfenstruktur mit kleinen Spitzen entsteht. Die Paste trocknen lassen – bei hoher Luftfeuchtigkeit bis zu zwei Tagen.

2 Den Lappen in Brennspiritus eintauchen und ein festes Bündel formen. Die Oberfläche fest mit kreisenden Bewegungen einreiben. Der Brennspiritus wird die Spitzen der Paste glätten und so den Eindruck von abgenutztem, roh geschnittenem Stein erwecken. Stellenweise wird er auch den glatten graubraunen Grundanstrich freilegen.

3 Zeichnen Sie mit einem Schwertschlepper (oder einem Linierpinsel) und weißer Emulsion (1:1 mit Wasser verdünnt) feine, verzweigte Äderchen.

4 Der Schwertschlepper wird an manchen Stellen kleine Farbpfützen bilden, von denen Sie einige sofort mit dem Finger wegnehmen, andere jedoch erst, wenn sie halb trocken sind, so daß Ringe und sonstige Konturen von weißer Farbe zurückbleiben. Das gelegentliche Verwischen der Linie erweckt den Anschein, als verliefe sie direkt durch den Stein.

Sandstein

*Diese Technik folgt der Tradition des 18. Jahrhunderts, Außenfassaden farblich in Innenräumen zu imitieren. Während die ursprüngliche Methode jedoch auf die Suggestion von Materialien wie Sandstein in den riesigen Gängen und hallenden Treppenhäusern vornehmer Wohnsitze gerichtet war, verfolgt die heutige Technik ein subtileres Finish, das prüfenden Blicken in Räumen von bescheidener Größe standhalten kann. Das Ergebnis der Anweisungen (*1.–4. Schritt, *S. 79) ist ein staubig wirkendes, körniges Finish, das wie das imitierte Material aussieht und sich auch so anfühlt. Ich verwendete diese Technik für die Wand des schottischen Zimmers (oben). Die Herstellung des Effekts macht nicht nur Freude, sondern bewirkt auch Atmosphäre.*

Sandstein und Mörtel *Diese »Sandstein«wand wirkt aus der Nähe und Ferne raffiniert und echt. Die Mörtellinien wurden mit weißer Emulsionsfarbe gezogen.*

Zuerst erhält die Wand eine Grundschicht von weißer Emulsion. Ist sie bereits weiß, prüfen Sie, ob sie sauber ist und der Anstrich nicht abblättert.

Für den Auftrag einer neuen Grundschicht kann die Farbe ziemlich lässig verstrichen werden, da das meiste durch die nachfolgende Emulsionsfarbe und Lasur verdeckt sein wird (siehe *2.* und *3. Schritt*).

Textur und Farbe

Genau wie der Ledereffekt (siehe S. 80–81) wird auch der Sandsteineffekt durch einen Texturaufbau in Form von dicken Farbschichten erzielt. Die Textur wird durch farbige transparente Öllasur »erhöht«.

Mit verdünnter Eierschalenfarbe wird ein feiner Farbschleier aufgelegt, der die darunter liegenden Farben abdämpft und den Effekt realistischer macht. Die Oberfläche wird dann etwas abgeschliffen, so daß einige der darunter befindlichen Farben freigelegt werden.

Schutzschicht

Die im *4. Schritt* aufgetragene verdünnte Eierschalenfarbe wird die darunter liegende Öllasur in den meisten Räumen angemessen und dauerhaft schützen. In einem Gang jedoch empfiehlt sich ein Schutz aus Mattlack.

Spezialtips

Stupfen Sie eine sehr dicke Schicht von Emulsionsfarbe auf (*2. Schritt*). Wenn die Oberfläche nicht strukturiert genug wirkt, wiederholen Sie das Ganze fünf Minuten später. Statt die ganze Fläche auf einmal zu stupfen, nehmen Sie sich die quaderförmigen Areale einzeln vor, so daß jeder »Stein« einen etwas anderen Charakter erhält.

Fügen Sie auch einige abgerundete Mörtelecken ein, jedoch nicht zu viele, da die Wand sonst etwas von einem Walt-Disney-Cartoon bekommt.

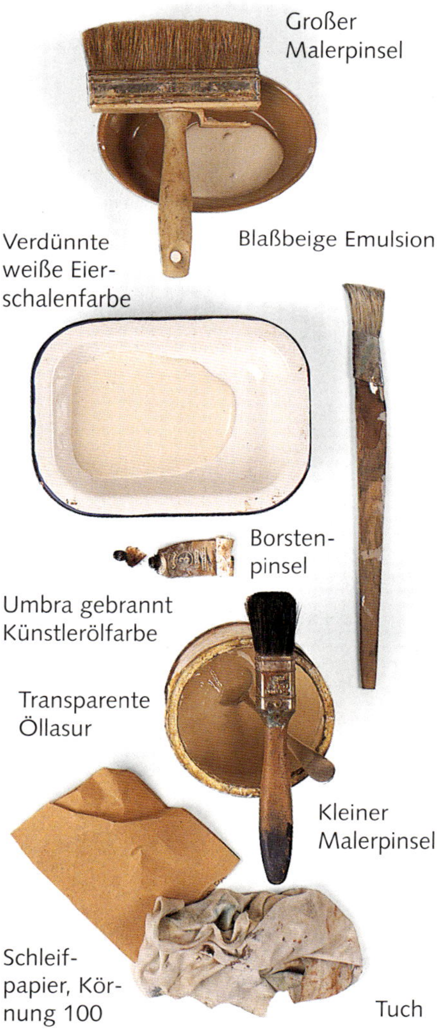

WERKZEUGE UND MATERIALIEN

Sie benötigen zwei Malerpinsel (einen großen und einen kleinen), einen flachen Borstenpinsel (oder ähnlich geformten Künstlerpinsel), ein Tuch und Schleifpapier der Körnung 100. Die transparente Öllasur wird mit brauner Künstlerölfarbe gemischt (siehe Anleitung S. 157) und die weiße Eierschalenfarbe mit etwas Terpentin verdünnt. Wenn Sie mehr als eine Emulsionsfarbe auftragen, können Sie weitere Effekte erzielen (2. *Schritt*).

1 *Zeichnen Sie unregelmäßige Quaderformen auf eine trockene weiße Emulsionsgrundschicht. Zwischen den Steinrändern etwas Abstand für die sog. Mörtelumrandung (*6. Schritt*) lassen.*

2 *Stupfen Sie mit einem großen, steifen Malerpinsel die blaßbeige Emulsionsfarbe fast bis zu den Bleistiftlinien auf. So füllen Sie praktisch Ihre Sandsteinquader aus.*

3 *Trocknen lassen und dann die transparente, mit brauner Künstlerölfarbe vermischte Öllasur auftragen. Nach etwa fünf Minuten die Lasur mit dem Tuch verwischen.*

4 *Die Lasur trocknen lassen (etwa einen Tag). Dann die verdünnte weiße Eierschalenfarbe als dünne, gleichmäßige Farbschicht auftragen. Einen Tag trocknen lassen.*

5 *Anschließend die gesamte Fläche mit einem Schleifpapier der Körnung 100 abschleifen. Das wird die im* 2. Schritt *aufgetragene blaßbeige Emulsionsfarbe durchscheinen lassen.*

6 *Dann mit einem Borstenpinsel freihändig die Zwischenräume zwischen den Quadern als Andeutung der Mörtelränder mit blaßgrauer Emulsionsfarbe ausfüllen.*

LEDER

Intensiv strukturiertes, mittelalterlich bearbeitetes Leder verleiht einem Raum theatralisch-vornehme Gediegenheit. Mit den Techniken für »Falschleder« können sowohl luxuriöse (siehe rechts, S. 81) als auch feinere Effekte wie auf der links gezeigten blauen und rosa Wandvertäfelung der Tudordekoration erzielt werden. Die Entstehung dieser Technik ist einer meiner Schülerinnen zu verdanken, die eine Entdeckung machte, als sie lernte, eine texturierte Anstrichfläche zu antikisieren. Statt die Farbe aufzustreichen, »tüpfelte« sie diese und erzielte dabei wirbelnde Muster, die sich beim Antikisieren hervorhoben (3.–5. Schritt*). Dies ergab nach Bearbeitung und Verfeinerung den Ansatz für ein wirkungsvolles Lederimitat.*

Die Techniken für ein Lederfinish können auf jeder sauberen und fettfreien Oberfläche angewendet werden. Die hier besprochenen eignen sich für Wände und Möbel.

»Geprägtes Leder«

Durch eine obeliskartige Maske erhielt das »Leder« (siehe gegenüber auf S. 81) den Anschein, als sei es geprägt. (Dieselbe Maske wurde bei einer anderen Technik für das Fries im obigen Tudor-Arrangement eingesetzt.) Schneiden Sie zur Lederstrukturierung eine Form aus festem Papier. Diese dient als Hilfe beim Malen, aber auch als Abdeckung der ersten Emulsionsschicht (*1. Schritt*) beim Auftrag der zweiten, bei der mit dem Pinsel »getüpfelt« wird und damit wirbelnde, lederige Muster erzeugt werden. Die Wahl Ihrer Farben richtet sich danach, wie fantastisch Ihr Leder aussehen soll. Um einen echten Ledereindruck entstehen zu lassen, verwenden Sie helle gelbbraune und braune Emulsionsfarbe und eine Mischung aus Umbra natur und Umbra gebrannt oder Terra di Siena gebrannt Künstlerölfarbe zur Tönung der transparenten Öllasur.

Für Leder ohne »Präge«muster befolgen Sie die Anweisung (*1.–5. Schritt*, S. 81). Streichen und texturieren Sie also die gesamte Fläche ohne Verwendung einer Maske.

Feine Effekte

Das feinere Finish der Tudortäfelung in dem zeitgenössischen Empfangsraum (oben) wurde durch den Auftrag von brauner, mit Lasur vermischter Künstlerölfarbe auf einer rosa und einer blauen Emulsionsgrundschicht erreicht. Diese waren entsprechend dem *2. Schritt* texturiert worden.

Letzte Handgriffe

Entweder bleibt das Finish halbmatt, oder es wird mit Bienenwachs-Möbelpolitur für einen feinen Schimmer eingerieben. Oberflächen werden mit Halbmattlack geschützt.

Herstellung einer Maske
Diese Maske wurde aus geöltem Manilapapier ausgeschnitten (siehe S. 130–131).

WERKZEUGE UND MATERIALIEN

Verwenden Sie einen kleinen Malerpinsel für beide Emulsionsanstriche. Die Farben müssen so dick sein, daß Sie sie texturieren können. Wenn Sie befürchten, daß sich die Farbe nicht selbst trägt, mischen Sie etwas Schlämmkreide darunter. Mischen Sie etwas Künstlerölfarbe Umbra natur und Terra di Siena gebrannt im Verhältnis 1:1 mit transparenter Öllasur. Manche Künstlerölfarben sind giftig und können von der Haut aufgenommen werden. Benützen Sie deshalb bei großflächigem Arbeiten Handschuhe (siehe die Tabellen auf S. 148–151). Verwenden Sie für den *5. Schritt* Zeichenpapier und die Rückseite von Schleifpapier.

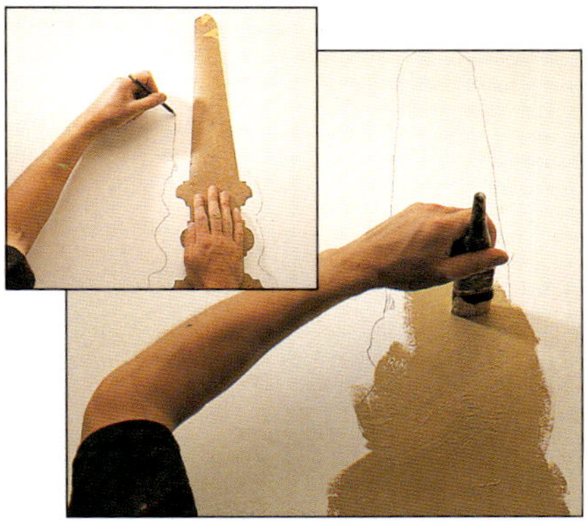

1 Zeichnen Sie die Maske lose nach. Legen Sie sie zur Seite, und stupfen Sie die umrandete Fläche mit der gelbbraunen Emulsionsfarbe zu einer spitzigen Textur. Einen Tag trocknen lassen.

2 Die Maske in ihre Ausgangsposition zurücklegen. Dann eine dicke Schicht brauner Emulsionsfarbe um die Form auftragen und mit dem Pinsel die gesamte Fläche um die Maske »tüpfeln«.

3 Die Maske entfernen und die Farbe einen Tag trocknen lassen. Nun die im Verhältnis 1:1 mit transparenter Öllasur vermischten Künstlerölfarben auf der Oberfläche verreiben.

4 Die überschüssige Lasur mit einem Tuch behutsam abwischen, und zwar in einer Weise, daß sie nur in den Vertiefungen der texturierten Emulsion verbleibt.

5 Zur Freilegung einzelner Farbflecken der darunter liegenden Emulsion reiben Sie die erhabenen Stellen (einschließlich der Obeliskform) leicht mit der Rückseite eines Stücks Schleifpapier.

6 Die nicht mit brauner Emulsionsfarbe gestrichene Obeliskform (2. Schritt) erscheint jetzt heller. Ziehen Sie die Konturen mit einem Bleistift extra nach.

Terrakotta, Stuckgips und Blei

Die verwitterte Patina von altem Blei, der salzähnliche Flor von Terrakotta und die staubige Oberfläche von rosafarbenem Rohgips haben alle etwas gemeinsam: Sie sind mineralischer Natur und das Ergebnis chemischer Veränderungen roher Materialien. Und sie können alle mit Pinsel, Schwamm und Emulsionsfarbe imitiert werden. Die schnelle und einfache Technik wird an einem Terrakotta-Finish demonstriert (siehe gegenüber S. 83). Wenn Sie andere Emulsionsfarben nehmen, können Sie Stuckgips oder Blei imitieren.

Der Effekt dieser Technik hängt von breiten, lockeren, mit einem Schwamm oder Malerpinsel ausgeführten Strichen ab und ist deshalb nur auf großen Flächen wirkungsvoll. Die herunterlaufende Farbe ist Teil des Effekts; arbeiten Sie also an vertikalen Flächen oder an Gegenständen, die aufrecht gestellt werden können.

Die Wand und Fußleiste im obigen Arrangement und der große Rahmen (rechts außen, S. 83) haben eine Terrakottaoberfläche. Ein Bleifinish (unten links) und ein Stuckgipsfinish (unten rechts) sind andere Beispiele. Terrakotta, Blei und Gips haben ein trockenstaubiges Aussehen, das nur mit Farben auf Wasserbasis, wie Emulsion, imitiert werden kann, da sie getrocknet ein mattes Finish ergeben.

Leicht zu verschrammende Stellen wie beispielsweise Gangsockel oder Wasserspritzern ausgesetzte Badezimmerwände sollten mit einer Schicht extra mattem Öllack oder mit mattem Acryllack geschützt werden. Verwenden Sie keinen Glanzlack, da er den angestrebten staubigen Effekt vereitelt.

BLEI UND GIPS

Bleieffekt *Tragen Sie dunkelgraue Emulsionsfarbe auf (den* 1. Schritt *auslassen); dann den* 2. *bis* 4. Schritt *mit hellgrauer Farbe ausführen.*

Gipseffekt *Führen Sie die vier Schritte wie beschrieben aus, und ersetzen Sie Terrakotta einfach durch eine rosabraune Farbe.*

WERKZEUGE UND MATERIALIEN

Zum Auftragen von Grundanstrich und Farbe (*1. Schritt*) können Sie einen beliebigen Malerpinsel verwenden, da jeder schwache Pinselstrich durch die nachfolgenden Schwammstrukturen kaschiert wird. Naturschwämme haben die beste Lochstruktur, doch ist ein zur lockeren Formgebung zerrissener Synthetikschwamm eine sehr gute Alternative. Die Emulsionsfarbe wird gemäß den Anweisungen (siehe S. 83) verdünnt.

Terrakotta, Stuckgips und Blei

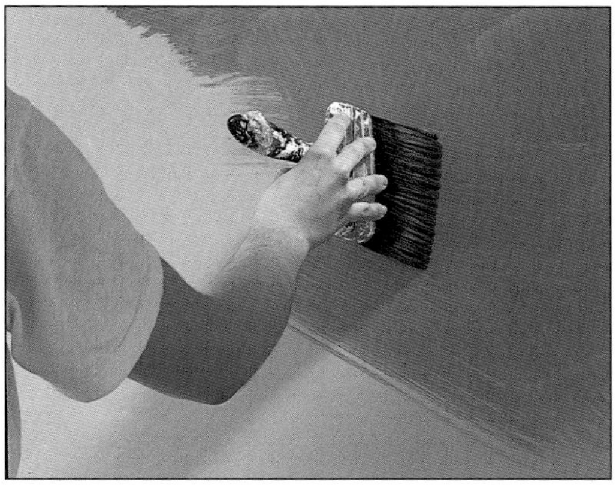

1 *Tragen Sie die Terrakotta-Emulsion (im Verhältnis 1:1 mit Wasser verdünnt) auf den trockenen karamelfarbenen Emulsionsgrundanstrich auf. Verstreichen Sie die Farbe (auch wenn sie bereits trocknet) zu einer weichen, fleckigen Schicht, damit gewolkte Stellen des Grundanstrichs hier und da durchscheinen. Für einen Gipseffekt nehmen Sie rosabraune, im Verhältnis 1:1 mit Wasser verdünnte Emulsion.*

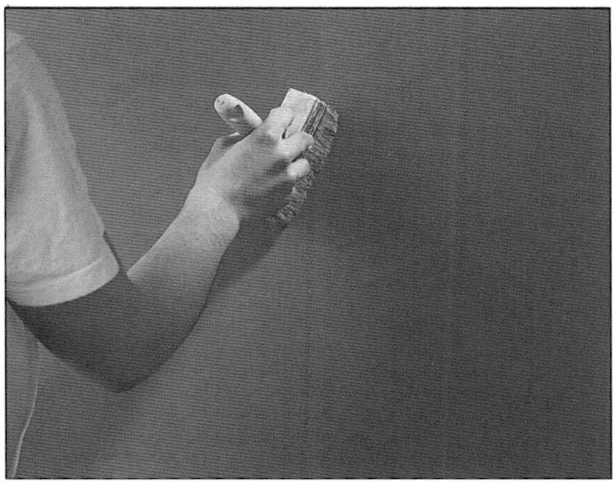

2 *Wenn die Farbe vollständig getrocknet ist (ein bis fünf Stunden später), mit einem sauberen Malerpinsel die Oberfläche mit einem dünnen Wasserfilm befeuchten (das erleichtert die Arbeit mit der in den nächsten Schritten aufzutragenden und mit dem Schwamm zu bearbeitenden Farbe). Jeweils nur einen Quadratmeter befeuchten. Bei der Gips- bzw. Bleiimitation die rosa-braune bzw. dunkelgraue Farbe befeuchten.*

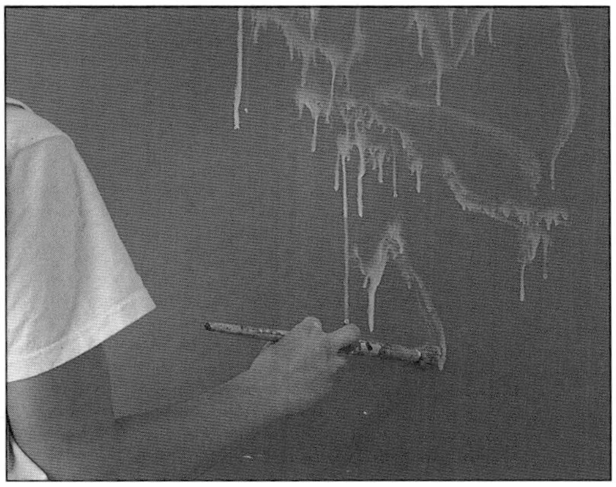

3 *Mit einem großen Borsten- oder Malerpinsel mit zweieinhalb Zentimeter langen Borsten die cremefarbene Emulsion (im Verhältnis 1:2 mit Wasser verdünnt) so auftragen, daß sie leicht tropft und in Linien herabläuft. Dies gilt auch für die Gips- und Bleiimitation, wobei für Gips ebenfalls cremefarbene und für Blei hellgraue Emulsion zu verwenden ist.*

4 *Die Tropfen und Linien werden mit einem leicht angefeuchteten Schwamm getupft und verwischt. Der dünne Wasserfilm an der Wand (siehe* 2. Schritt*) verwandelt die Schwammspuren in sanft verschwommene Flecken und läßt die Farbe verlaufen. In Abständen von etwa fünf Minuten die Fläche zehn bis 15 Sekunden lang mit dem Schwamm betupfen. Dies wird so lange wiederholt, bis die Schwammspuren deutlicher werden.*

DER EFFEKT

Es ist genau zu sehen, wie die Schwammspuren durch das Wasser (*2. Schritt*) zu dünnen Fleckchen verschwimmen und die verlaufende Farbe durch das Schwammtupfen stabilisiert wird (*4. Schritt*).

Grünspan

*Metallpatina gibt es in vielen Farben und Texturen. Hier werden die faszinierenden Spuren der Zeit und Arbeit der Naturelemente deutlich. Der grüne und bröckelig-weiche Grünspan ist das Ergebnis natürlicher Korrosion, die sich in dieser Form an Messing, Kupfer und Bronze zeigt. Gegen eine Herstellung von Grünspan spricht, daß ihn Metallarbeiter mit Säuren und Hitze in einem hochgiftigen Prozeß produzieren. Dagegen kann mit ganz einfachen Mitteln und Anweisungen (*1.–6. Schritt, *S. 85) echt aussehender Grünspan auf harmlose Weise imitiert werden. Die brandneue Metallarbeit im oben gezeigten Badezimmer wurde durch eine solche Technik verändert.*

Die Methode ist für jede Metall- oder Plastikoberfläche, die sich horizontal bearbeiten läßt, geeignet. Die Grünspanpaste haftet nicht an vertikalen Oberflächen, aber Sie können einen Grünspaneffekt (siehe die Wand auf S. 102 und den Hintergrund auf den beiden Seiten hier) durch die Anwendung einer leichten Variante bewerkstelligen.

Auftrag

Wenn Sie nicht auf Messing, Kupfer oder Bronze arbeiten, können Sie eine passende Grundfarbe durch Verstreichen von Bronzepulver oder Aufsprühen von Bronzefarbe (mit Goldfarbe erzielen Sie mehr Leuchtkraft) erreichen. Ist die Oberfläche aus Silber, wie diese Metallarbeit hier, wird sie einfach mit einem braunen französischem Emaillack überstrichen (siehe S. 141).

Wie beim Marmorieren, Holzmasern, Patinieren und Antikisieren von Anstrichen verfolgt auch diese Technik den Zweck, ein natürliches Phänomen zu imitieren und das Auge darüber hinwegzutäuschen, daß der Effekt künstlich erzeugt wurde. Das Ganze muß so natürlich wie möglich wirken. Auf den ersten Anstrich werden alle nachfolgenden Schichten (dicke Pasten, Sprayfarbe und Farbpulver) in eher willkürlicher, glatter Weise aufgetragen, damit das Ergebnis natürlich aussieht. Sie können das pudrige Finish mit verdünntem PVA versiegeln und dann mit Mattlack überstreichen, um eine strapazierfähige Oberfläche zu erreichen.

Vertikale Oberflächen *Verdünnte Emulsionsfarbe in den Farben für Grünspan auftragen und Wasser durch die feuchten Farbschichten laufen lassen.*

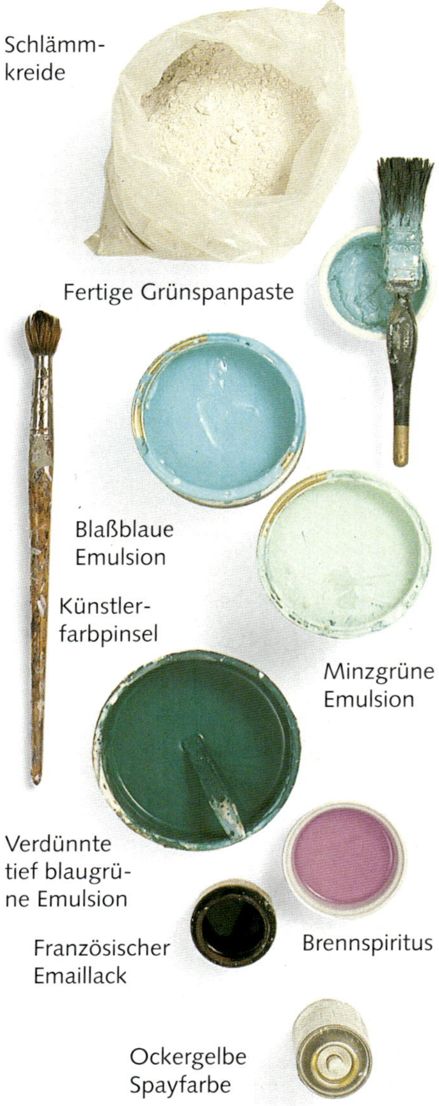

Werkzeuge und Materialien

Sie benötigen eine hellblaue und eine minzgrüne Grünspanpaste. Zur Herstellung solcher Pasten mischen Sie im Verhältnis 1:2 Brennspiritus und Emulsionsfarbe und sieben solange Schlämmkreide ein, bis die Konsistenz von Butterglasur erreicht ist. Brennspiritus verdampft rasch, so daß Sie nach und nach noch etwas dazu geben müssen, um die Masse arbeitsfähig zu halten.

1 Streichen Sie tief blaugrüne, im Verhältnis 1:4 mit Wasser verdünnte Emulsionsfarbe über die bronze- bzw. goldfarbene Grundbeschichtung. Trocknen lassen.

2 Arbeiten Sie die blaßblaue und die minzgrüne Paste zusammen auf der Oberfläche auf. Variieren Sie Dicke und Textur, um einen Zufallseffekt zu erreichen.

3 Während die Grünspanpasten trocknen, sprühen Sie mit ockergelber Sprayfarbe kleine, helle Farbfleckchen ganz ungezwungen über die Oberfläche.

4 Wasser über die Fläche laufen lassen, damit die darunter befindlichen Farben freigelegt werden. Das Wasser nur über die Farbe laufen lassen, nicht einarbeiten.

5 Stäuben Sie Schlämmkreide bzw. Gipspulver leicht über die Oberfläche, und drücken Sie diese in der feuchten, klebrigen Mischung fest. Dabei besonders auf Vertiefungen achten.

6 Wenn die Mischung halbtrocken ist, wischen Sie einige – nicht alle – erhabenen Stellen mit einem rauhen Tuch, um Stellen der darunter liegenden Farbe freizulegen. Sobald das Ganze trocken ist, mit verdünntem PVA versiegeln.

Eisen und Rost

Metalloberflächen können in Innenräumen große dekorative Wirkungen erzielen. In dem spanischen Barock-Schlafzimmer (links) hat die auf Metall getrimmte Holztüre einen silbrig metallischen, leicht mit Rost durchsetzten Schimmer. An Fußleiste, Türrahmen und Türbeschlägen wird das Metall in stark korrodierter Form, nämlich als dunkler Rost, imitiert. Die beiden einfachen, hier vorgestellten Techniken eignen sich für alle Oberflächenarten.

Rostimitation

1 Die Oberfläche wird reichlich mit unverdünntem PVA bestrichen und mit Sand beworfen. Die überschüssigen Teilchen mit einem Brett auffangen.

2 Alles gründlich durchtrocknen lassen. Dann dunkelbraune Emulsionsfarbe mit dem Pinsel gut in die Sandtextur einstupfen.

3 Wieder alles trocknen lassen und eine Schicht sattbraunen, mit Brennspiritus verdünnten Emaillack auftragen.

4 Streichen Sie nach zehn Minuten Brennspiritus und Spuren von rostfarbener Emulsion auf. Mit zusätzlichem Brennspiritus Muster kreieren.

Diese einfachen Techniken zur Metallgestaltung bedienen sich eines Aufbaus verschiedener Materialschichten, um natürlich wirkende Metalloberflächen zu erzielen. Bei der Rosttechnik (siehe *1.–4. Schritt* links unten) wird einer Holzoberfläche durch eine Mischung von Leim und Sand Textur verliehen. Der Schlußanstrich besteht aus mit Brennspiritus vermischtem französischem Emaillack (siehe *3. Schritt*) und Highlights von Emulsionsfarbe. Bei der Eisenimitation wird verdünnte schwarze Emulsion auf eine trockene Farbschicht auf Ölbasis aufgetragen.

Zufallseffekte

Die erfolgreiche Gestaltung dieser Metalloberflächen hängt von einer möglichst naturalistischen Oberflächenstruktur ab. Im Schlußstadium wird der Grundanstrich der »Eisentür« mit Wasser aufgelöst, und bei der Rosttechnik wird zur Imitation der Metalltextur Brennspiritus auf den Lack gegeben. Um zu einem möglichst »zufälligen« Ergebnis zu kommen, ändern Sie bei der Verwendung von Lappen und Pinseln ständig Winkel, Richtung und Druck.

»Metall«schutz

Trotz der guten Haltbarkeit der Rostimitation (Leim, Sand und Farbe bilden eine Art Zement), ist es doch empfehlenswert, sie mit einer Schicht mattem Öllack zu schützen. Das gibt der Oberfläche ein wirklich festes Finish.
Die bei der Eisentechnik verwendete Silbermetallfarbe enthält Metallpulver, meist in Form von Aluminium, das keinen Schutz benötigt. Manchmal enthalten Farben jedoch andere Metalle, die an der Luft nachdunkeln, so daß ein Schutzanstrich erforderlich ist. Prüfen Sie die Inhaltsstoffe Ihrer Silberfarbe, und wenn Sie nicht sicher sind, ob Aluminium enthalten ist, tragen Sie einen Schutzanstrich aus halbmattem Polyurethanlack auf.

WERKZEUGE UND MATERIALIEN

Die zur Imitation von Rost und Eisen benötigten Grundwerkzeuge sind verschiedene Malerpinsel, ein Abstaubpinsel, ein Künstlerpinsel und ein Tuch. Die braune Emulsion wird für Rost verwendet, die mehr leuchtende rostfarbene Emulsion für Highlights bei beiden Abschlüssen. Mit Brennspiritus wird bei Farbe und französischem Emaillack, in der Technik links, gearbeitet und dabei wie zufällig Rostflecken erzeugt.

EISENIMITATION

1 *Streichen Sie die Oberfläche mit Silbermetallfarbe. Schwarze Emulsion im Verhältnis 1:4 mit Wasser verdünnen und einen Tropfen Reinigungsmittel dazu geben. Mit einem feuchten Tuch auftragen und willkürliche Muster damit machen. Da die Mixtur schnell trocknet, jeweils immer nur eine kleine Fläche behandeln.*

2 *Während die Mixtur trocknet, glätten Sie sie mit einem trockenen Abstaubpinsel bzw. einem Chinaborstenvertreiber, um die Spuren des Tuchs zu beseitigen. Glätten Sie die Farbe an manchen Stellen besser als an anderen, um der Textur mehr Zufälligkeit zu verleihen.*

3 *Wenn die Oberfläche völlig trocken ist, Wasser aufpinseln und rostfarbene Emulsion (im Verhältnis 1:2 mit Wasser verdünnt) darüber tröpfeln. Das auf die Oberfläche gebrachte Wasser verdünnt den »Rost« noch mehr und macht ihn über dem Silber sehr blaß und transparent (siehe links, vergrößerte Abbildung).*

Carrara- und Serpentinmarmor

Die dekorative Technik der Marmorimitation reicht bis in die Zeit der Römer zurück und bietet eine Fülle verschiedener Stile. Weißer Carrara- und grüner Serpentinmarmor sind ziemlich einfach zu malen und eignen sich gut für verschiedene Arten von Oberflächen, von Fußböden und Fußleisten bis hin zu kleinen Gegenständen. Gut gezeichneter Marmor erhöht das Stilniveau eines Raums und verleiht ihm zusätzlich einen gewissen klassischen Akzent – wie an dem florentinischen Gang zu sehen ist (links).

Jahrhundertelang wurde die Marmoriertechnik ausschließlich mit Leim- und Gessofarben durchgeführt. Im 19. Jahrhundert entstand jedoch der Wunsch nach einem neuen Realismus.
In England wurde die transparente Öllasur als neues Medium und preiswertere Alternative zu den teuren Künstlerölfarben entdeckt.
Noch heute wird sie zum Marmorieren verwendet. Sie können sie fertig im Handel kaufen oder selbst herstellen (siehe S. 156).

Die beste Oberflächenvorbehandlung bei Verwendung der Öllasur sind zwei Anstriche mit weißer Eierschalenfarbe. Das ergibt ein gewisses Maß an Glätte und eine einigermaßen ebene Oberfläche. Öllasur reibt sich im Lauf der Zeit ab, so daß sie mit Halbglanzlack überzogen und für den reflektierenden Glanz eingewachst werden sollte.
Öllasur zieht Staub magnetisch an. Arbeiten Sie also in einem zugfreien Raum, den Sie vor Arbeitsbeginn mit dem Staubsauger reinigen. Die Pinsel vor Gebrauch immer entstauben.

Marmorierter Fußboden *Ich habe verschiedenfarbigen Marmor zu einem eindrucksvollen Muster kombiniert. (Für die Technik des gelben Marmors siehe S. 90–91).*

WERKZEUGE UND MATERIALIEN

Verwendung von Künstlerölfarben zum Anfärben der transparenten Öllasur (Mischanleitung siehe S. 157). Schwarz dient zur Tönung der Lasur für Carraramarmor. Grüne Erde und Weiß werden für die erste Serpentinlasur und nur grüne Erde für die zweite Serpentinlasur verwendet. Künstlerölfarben sind giftig; reinigen Sie also Ihre Hände jedesmal nach Gebrauch! (Informationen über Abstaub- und Vertreiberpinsel siehe S. 126, 127, für Schwertschlepper S. 124.)

CARRARA-MARMORIERUNG

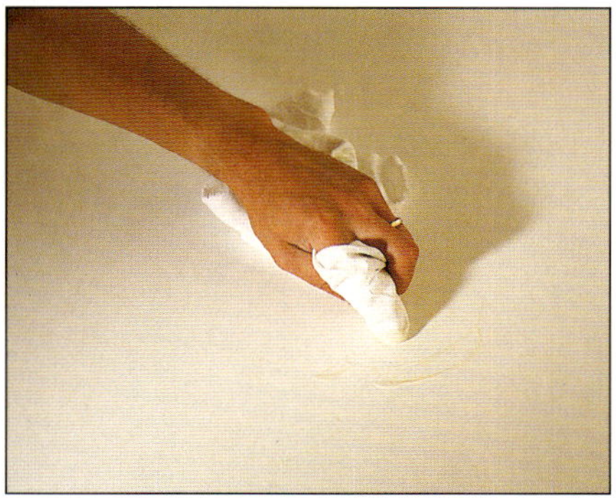

1 *Verteilen Sie mit einem weichen Tuch etwas transparente Öllasur auf dem eierschalenfarbenen Untergrund, damit die Fläche ein größeres Maß an »Glätte« erhält.*

2 *Einen dünnen Pinsel in schwarzgefärbte Lasur tauchen und damit einige sehr grobe Adern einschließlich gelegentlicher Punkte und Spritzer auf die Oberfläche malen.*

3 *Daraufhin mit den Borstenspitzen eines Abstaub- oder Vertreiberpinsels die gemalten Adern antippen und dann leicht in alle Richtungen verwischen.*

4 *Tauchen Sie einen Schwertschlepper in Terpentin, und malen Sie nasse Verlaufslinien über die lasierte Oberfläche, wobei Sie einigen der verwischten Adern folgen.*

5 *Verwischen Sie die Oberfläche nochmals, indem Sie die nassen Linien (4. Schritt) nur in einer Richtung verstreichen und so eine fedrig gerissene Äderung entstehen lassen.*

6 *Streichen Sie nun die Oberfläche nur mit den Spitzen eines Chinaborstenvertreibers in alle Richtungen, um sämtliche Pinselspuren zu verwischen und verschwommene Konturen zu kreieren.*

SERPENTIN-MARMORIERUNG

1 *Tragen Sie eine mit grüner Erde Künstlerölfarbe gefärbte Lasur auf. Zur Strukturierung anschließend die Oberfläche mit einem gefältelten Papiertuch betupfen.*

2 *Die Oberfläche mindestens einen Tag trocknen lassen. Dann einen dünnen Anstrich von viel dunkler, mit grüner Erde gefärbter Lasur auf die gesamte Fläche auftragen.*

3 *Wie vorher die Fläche mit einem Papiertuch betupfen, wobei jedesmal eine neue, saubere Stelle zu nehmen ist. Variieren Sie während dem Arbeitsvorgang den Druck.*

SIENAMARMOR

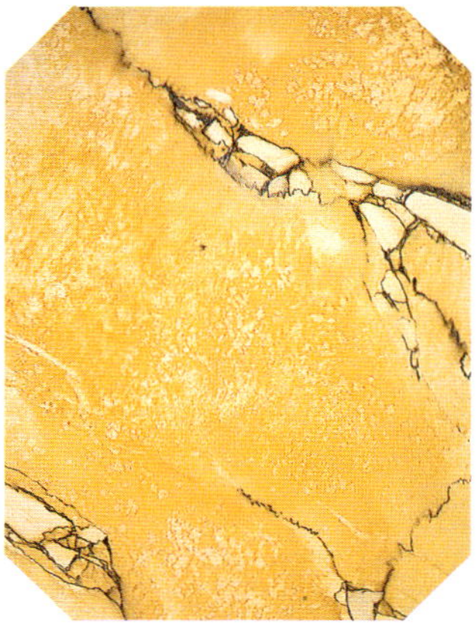

Carrara- und Serpentinmarmor sind einfach zu gestalten und von einer kühlen, eleganten Schönheit. Aber eine wesentlich wirkungsvollere Art zu marmorieren ist die kleinflächige Anwendung komplexer Marmorstrukturen innerhalb eines bestimmten Designs, dessen Oberfläche in realistische Quader und Äderwerke eingeteilt ist (siehe den gelb marmorierten Teil des Fußbodens S. 88). Für diese Art der dekorativen Gestaltung verwendeten italienische Steinmetze lange Zeit Sienamarmor, da er eine starke Farb- und Strukturkonzentration besitzt, großflächig jedoch zu intensiv und dominant wirken würde. Abgesehen von Fußbodengestaltungen eignet sich die Sienamarmorzeichnung auch gut zur Dekoration von Schachteldeckeln und Tischplatten.

Die Imitation von Sienamarmor beansprucht mehr Zeit als die Nachbildung anderer Marmorarten, aber die Mühe lohnt. Studieren Sie echten Sienamarmor oder gute Bilder davon – je mehr Sie ihn erforschen, desto naturgetreuer wird Ihre Kopie.

Vorbereiten und beschichten

Da ein Marmorfinish tadellos glatt sein sollte, schleifen Sie, wenn nötig, die Oberfläche ab, und tragen Sie zwei Schichten cremefarbene Eierschalenfarbe auf. Öllasuren ziehen Staub an, reinigen und staubsaugen Sie also tags zuvor. Sorgen Sie auch dafür, daß die Pinsel staubfrei sind; tragen Sie keine Wollkleidung. Wenn die Lasur ganz durchgetrocknet ist, schließen Sie mit einem Schutzanstrich aus Hartlack ab, da sie sich sonst mit der Zeit abnützen würde.

Strukturieren

Um exakte Marmorierungen zu erzielen, verwenden Sie Abklebeband. Es wird vor dem Auftragen der cremefarbenen Eierschalenfarbe angebracht und wieder entfernt, solange diese noch frisch ist. Dabei mit einem Tuch überschüssige Lasur sorgfältig abwischen. Wenn die für Sienamarmor typische Farbe nicht paßt, arbeiten Sie mit derselben Technik, aber einer anderen Lasurfarbe, zum Beispiel mit einem prächtigen Rot oder Schweinfurter Grün. Mischen Sie für Bresciamarmor (ein Teil des marmorierten Bodens S. 88) eine braunrote Lasur.

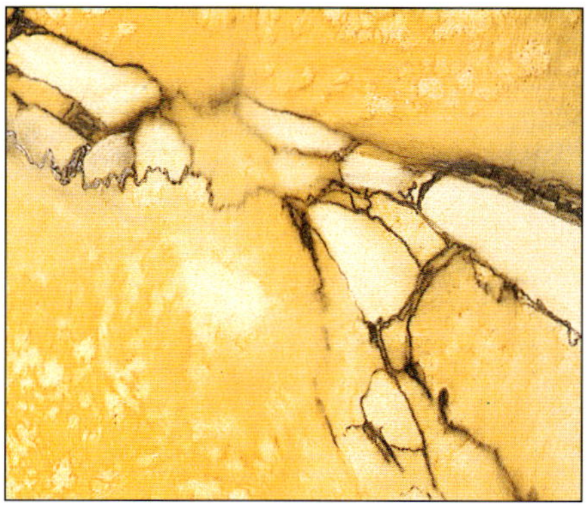

Äderung *Die schwarzen Adern von Sienamarmor werden mit einem in Terpentin getauchten Wachsstift gezogen.*

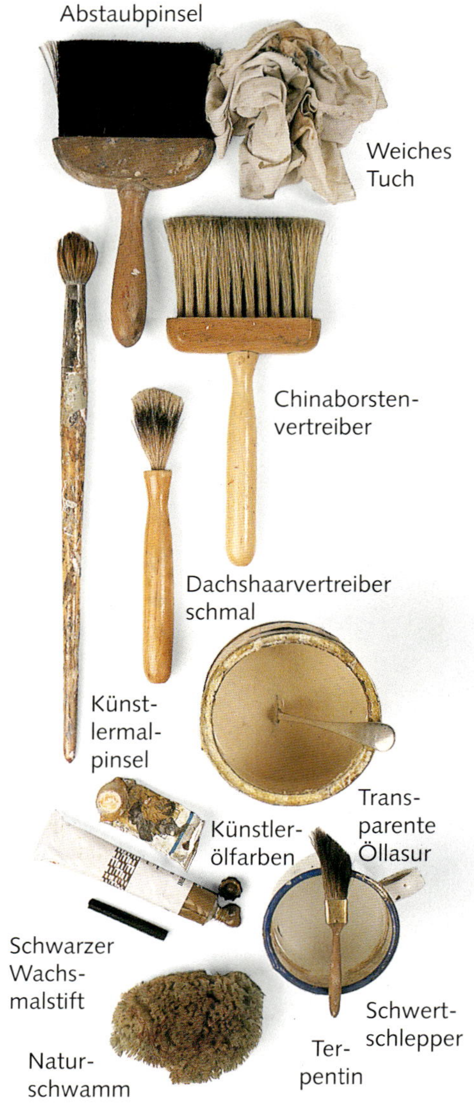

WERKZEUGE UND MATERIALIEN

Kaufen Sie oder stellen Sie sich selbst etwas transparente Öllasur her (siehe S. 156). Diese wird mit ein wenig Terra di Siena natur Künstlerölfarbe (siehe S. 157) vermischt. Da einige Künstlerölfarben giftig sind, sollten Sie nach jedem Gebrauch unbedingt Ihre Hände reinigen, besonders unter den Nägeln! Anstelle des Schwertschleppers kann auch ein feiner Künstlermalpinsel und anstelle des Dachshaarvertreibers ein Marderhaarkünstlerpinsel verwendet werden. Für den *4. Schritt* können Terpentin und Testbenzin genommen werden.

1 *Verstreichen Sie auf der Oberfläche eine Schicht transparente Öllasur. Dann mit Terra di Siena natur angefärbter Öllasur Flecken und Streifen aufbringen.*

2 *Mit einem Abstaubpinsel die Flecken und Streifen grob verwischen, wobei die Lasur leicht in alle möglichen Richtungen verstrichen wird.*

3 *Anschließend die Flecken mit den Pinselspitzen eines Vertreibers verwischen, um alle Pinselspuren endgültig zu beseitigen und die Lasur noch weiter zu glätten.*

4 *Tauchen Sie einen Schwertschlepper oder einen feinen Künstlerpinsel in Terpentin, und malen Sie dann einige nasse Adern auf die Lasuroberfläche.*

5 *Während die Adern leicht zerfließen, tupfen Sie sehr sparsam etwas Terpentin mit einem Schwamm auf die Oberfläche. Das erzeugt ein fleckiges Muster.*

6 *Damit das Terpentin die Lasur nicht weiter angreift, tupfen Sie die mit dem Schwamm bearbeiteten Flächen mit einem Tuch ab oder verwischen bzw. stupfen sie mit einem Pinsel.*

7 Jetzt einen schwarzen Wachsmalstift zum Weichmachen in etwas Terpentin tauchen und dann damit in die nasse Lasur die für diesen Marmor typische Zeichnung von »Kies und Stein« einbringen.

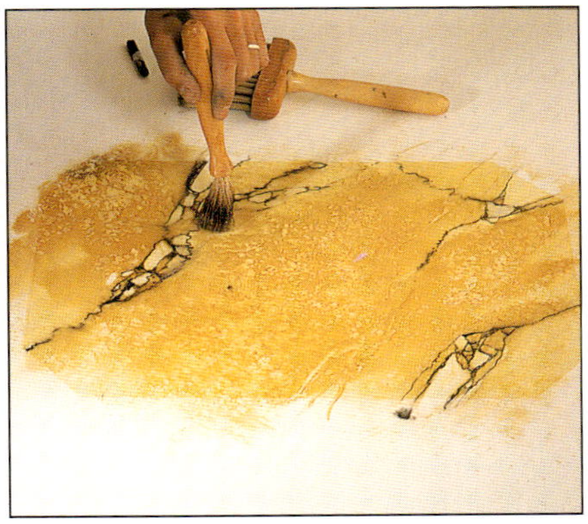

8 Die Oberfläche etwa zehn Minuten trocknen lassen – in dieser Zeit verdampft das Terpentin. Dann die Äderung mit einem Dachshaarvertreiber oder Marderhaarkünstlerpinsel behutsam glätten.

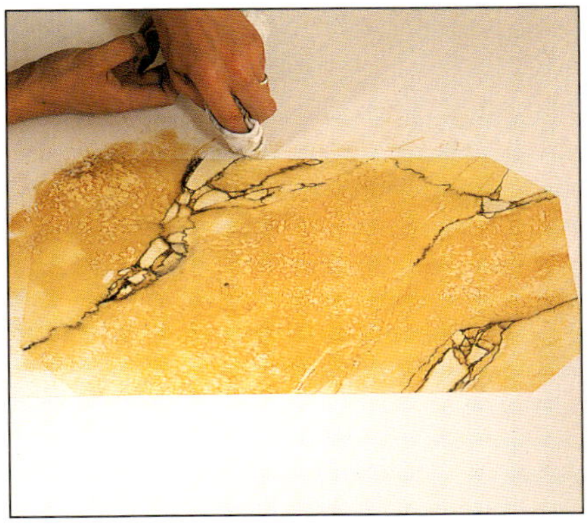

9 Verwischen Sie etwas von der schwarzen Äderung mit einem weichen Tuch, so daß sie in den Stein »zurückweicht«, und verreiben Sie etwas von der »Kies- und Stein«-Zeichnung, damit sich cremefarbene Steinplättchen ergeben.

FOSSILIENMARMOR

Einige der effektvollsten mineralischen Oberflächen entstehen durch flüchtiges Berühren der betreffenden Fläche mit dem Pinsel und lockeres Auftragen unterschiedlicher Malmedien. Fossilienmarmor ist ein ausgezeichnetes Beispiel für diese Art dekorativer Gestaltung, die wundervolle Ergebnisse bringt (siehe links). Legen Sie, wenn möglich, die zu gestaltende Fläche flach auf den Boden, so daß das Lösungsmittel Pfützen bilden kann (für vertikale Oberflächen siehe unten). Verwenden Sie entweder einen dünnen wäßrigen Anstrich, wie ich es tat, oder eine Öllasur.

Damit die Marmorierung realistisch wirkt, bedarf es eines möglichst glatten Grundanstrichs. Schleifen Sie die Oberfläche, wenn nötig, ab, und tragen Sie unter Vermeidung von sichtbaren Pinselstrichen zwei Schichten blaßbeigen Eierschalenanstrich auf.

Malmittel

Das traditionelle Malmittel für Marmorierungen ist Ölfarbe oder getönte Öllasur. Bei einer Fossilienmarmorierung ist allerdings ein selbstgemachter wäßrigen Anstrich unübertrefflich wegen der damit erzielten vielfältigen Muster. Der Anstrich besteht aus Farbpulver, Wasser und ein wenig PVA als Bindemittel.
Geben Sie vor Gebrauch dieses Anstrichs einen Tropfen Waschmittel dazu, damit er auf dem Grundanstrich keine Flecken bildet.

Trocknungszeit

Im 2. und 4. *Schritt* wird dieser wäßrige Anstrich während des Trocknens bearbeitet. Die Schwierigkeit bei Anstrichen auf Wasserbasis ist die kurze Trocknungszeit (zehn Minuten an einem warmen, trockenen Tag). Es sollten also jeweils nur Flächen bis zu einem Quadratmeter in Angriff genommen werden. Lasuren auf Ölbasis können eine Trocknungszeit bis zu zwei Stunden haben. Wenn Sie also befürchten, nicht schnell genug zu sein, entscheiden Sie sich für eine Öllasur. Die Ergebnisse sind gut, wenn auch nicht so spektakulär. Tönen Sie die Lasur, indem Sie transparente Öllasur mit Umbra natur Künstlerölfarbe mischen (siehe S. 157). Da PVA-Wasseranstriche und ölige Lasuren nach dem Trocknen weich bleiben, schützen Sie diese mit einem Schutzfirnis auf Ölbasis.

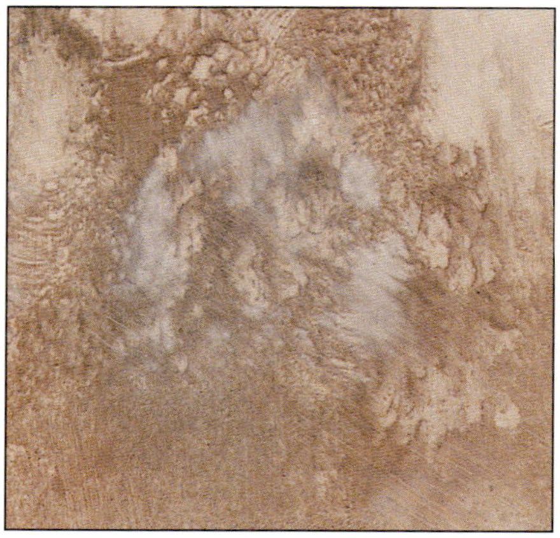

Vertikale Oberflächen *Nehmen Sie beim* 3. Schritt *anstelle eines Pinsels einen Schwamm zum Auftragen von Brennspiritus, Wasser und Farbtünche.*

WERKZEUGE UND MATERIALIEN

Zur Herstellung wäßriger Anstriche geben Sie langsam und unter ständigem Rühren in einen halben Liter Wasser, der mit einem Eßlöffel PVA vermischt ist, zwei Eßlöffel in etwas Wasser angerührtes Farbpulver. Fügen Sie einen Tropfen Waschmittel hinzu. Wenn der Farbton nicht korrekt ist, mit Farbpulver, Wasser und/oder PVA ausgleichen. Farbpulver sind hochgiftig, beachten Sie also die Vorsichtsmaßnahmen auf Seite 149! Die Augen mit einer Schutzbrille bedecken, wenn Sie beim *3. Schritt* mit Brennspiritus sprenkeln.

1 *Streuen Sie bei Verwendung eines wäßrigen Anstrichs ein wenig Fullererde in den trockenen Eierschalengrundanstrich. Der Anstrich mit Umbra natur wird kreuzweise über eine Fläche von weniger als einem Quadratmeter aufgetragen. Dann an derselben Stelle den 2. bis 4. Schritt ausführen. Anschließend beginnen Sie mit einer neuen Fläche. Bei Verwendung von Öllasuren wird die gesamte Oberfläche auf einmal bestrichen.*

2 *Jetzt werden mit einem Malerpinsel die groben Pinselstriche überstupft. Wenn Sie mit einem wäßrigen Anstrich arbeiten, müssen Sie sich beeilen. Die langsamer trocknenden Öllasuren haben den Vorteil, daß Ihnen für diesen Schritt mehr Zeit bleibt.*

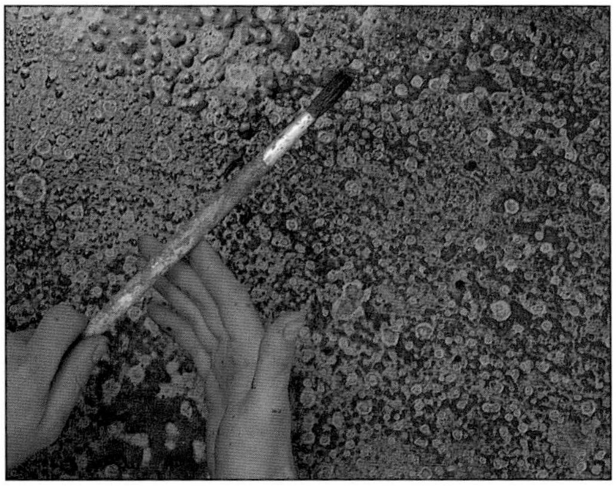

3 *Dies ist der magische Teil. Sprenkeln Sie Brennspiritus auf den wäßrigen Anstrich, damit er »platzt«. Dann hier und da mit ein wenig Wasser besprengen, damit sich Rinnsale und Pfützchen bilden und (wenn Sie wollen) mit dem mit Terra di Siena gebrannt angefärbten Anstrich sprenkeln. Der Gesamteffekt sollte wie zufällig wirken. (Verwenden Sie für eine Öllasur Terpentin und dann Brennspiritus.)*

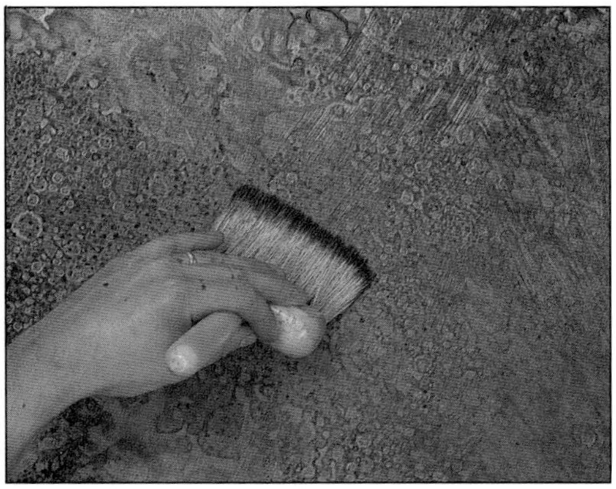

4 *Lassen Sie die Oberfläche so trocknen, daß nur die Rinnsale und Pfützchen naß bleiben. (Dieser Prozeß kann bei Öllasuren mit einem Fön beschleunigt werden.) Dann werden die nassen Stellen mit einem Chinaborstenvertreiber oder einem Abstaubpinsel verwischt, indem die Pinselspuren weggestrichen und die Farbflüssigkeit in alle Richtungen über die Oberfläche verteilt werden.*

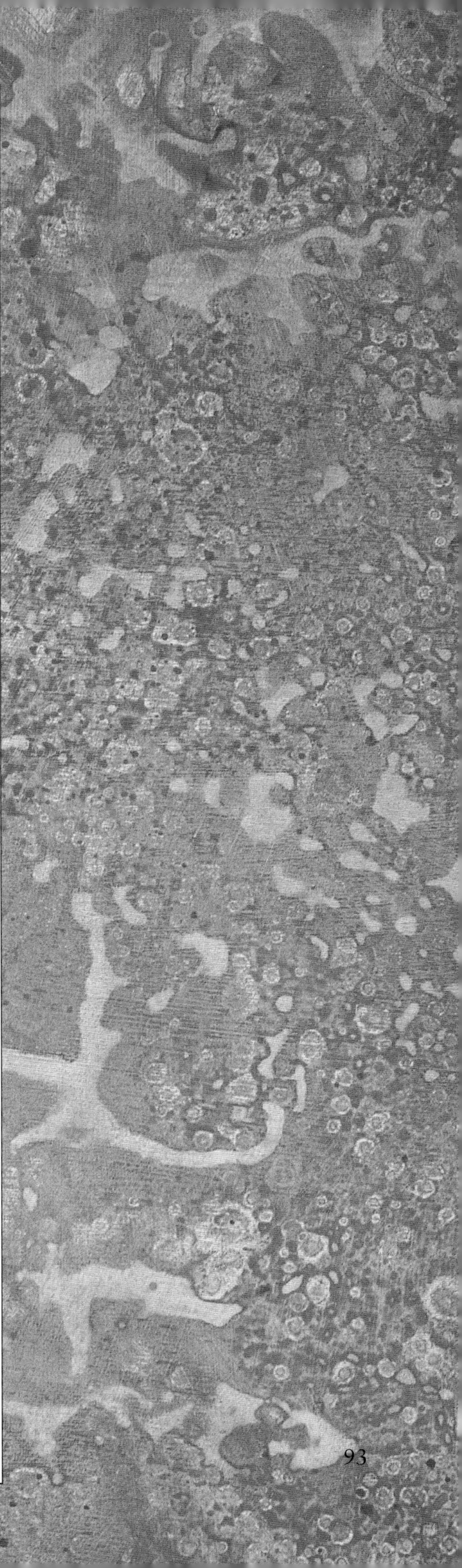

Clair bois

Beim Erlernen des Holzmaserns kommt man zuerst mit dieser so einfachen wie wirkungsvollen Oberflächentechnik für helle Hölzer (clair bois) in Kontakt. Mit einem einfachen selbstgemachten Anstrich und einem Schlagpinsel können Sie auf billigen Möbel- und Türhölzern bis hin zu Wandsockeln und Böden den Anschein feinpolierter heller Oberflächen (wie Ahorn oder indisches Satinholz) erwecken. Traditionsgemäß werden Möbel im Biedermeierstil aus hellen Hölzern hergestellt, das heißt, unsere Technik ist besonders für Räume im Biedermeierstil (oben) geeignet. Ich verwendete sie zur Gestaltung eines Badezimmers und trug dann einen wasserabweisenden Schutzanstrich aus Lack auf.

Der hier verwendete wäßrige Anstrich trocknet schnell und kann in zart gefiederte Formen und krause Konturen verstrichen werden. Erstaunlicherweise ist damit leichter zu arbeiten als mit der Öllasur (die bei den Holzmasertechniken auf S. 96–99 Anwendung findet). Außerdem kann er nach dem Trocknen befeuchtet und erneut bearbeitet werden. Wenn Sie schnell genug sind, können Sie alle Schritte ausführen, bevor der Anstrich ganz trocken ist. Wenn nicht, arbeiten Sie jeweils nur an einer Stelle im Wechsel zwischen dem *1.* und *2. Schritt.* Oder Sie streichen die gesamte Fläche auf einmal und befeuchten dann zum Weiterarbeiten die jeweiligen Stellen mit etwas Wasser.

Der Abschluß

Der *1.* und *2. Schritt* zur Herstellung einer fasrigen Holzoberfläche (siehe rechts) ergeben eine Struktur, die rauhem Holzfurnier gleicht (siehe die Nahaufnahme auf den oberen Seitenhälften und das Biedermeier-Bad). Ein feinerer Effekt wird durch weniger Pinseldruck erreicht. Der *1.* und *2. Schritt* zur Herstellung von verlängerten Faserstrukturen führen zu einem Maserungseffekt (siehe rechts und die Nahaufnahme auf den unteren Seitenhälften).

Vorbereitung

Je glatter die Oberfläche für Ihr Clair bois, desto besser. Vorbereitend werden zwei Schichten cremefarbener Eierschalenfarbe sorgfältig aufgetragen. Sobald diese trocken sind, wird die Oberfläche mit etwas Schlämmkreide oder Fullererde zur Entfernung jeglicher Fettpartikel abgerieben.

Letzter Schliff

Wenn die Lasur trocken ist, wird sie mit einem öligen Schutzfirnis beschichtet. Streichen Sie rasch und leicht, um die Pigmente in der Lasur nicht zu beeinträchtigen. Ich verwendete schnell trocknenden Vergolderleim (siehe S. 140) oder, wo nötig, einen festen Öllack.

Um dem »Holz« den schimmernden, glatten Abschluß einer Hochpolitur zu geben, wenden Sie folgenden Trick an: Wenn der Firnis vollständig getrocknet ist, polieren Sie ihn zuerst mit feinster Stahlwolle und Bienenwachs-Möbelpolitur und anschließend mit einem Staubtuch.

Werkzeuge und Materialien

Für den Anstrich benötigen Sie Wasser und pulverisierte Terra di Siena natur (siehe S. 157). Wenn Sie nur eine kleine Fläche bearbeiten wollen, können Sie anstelle von Farbpulver auch Gouache verwenden. (Bei Farbpulvern beachten Sie bitte die Vorsichtsmaßnahmen auf S. 149.) Mit einem Schlagpinsel gelingt Ihnen der Clair-bois-Effekt am besten.

FASRIGE HOLZOBERFLÄCHE

1 Tragen Sie die Lasur mit einem Flächenstreicher auf. Die Pinselstrichspuren sind unerheblich, solange die gesamte Fläche einen einheitlichen Anstrich erhält. Dieser Anstrich trocknet in Minutenschnelle. Sollte er schon vor dem 2. Schritt *trocken sein, befeuchten Sie ihn mit einer nassen Streichbürste.*

2 Halten Sie den Schlagpinsel im 90°-Winkel zur Oberfläche, und stoßen Sie die langen Borsten fest in die frische Farbe. Durch das Spreizen der Borsten erhält die Oberfläche nun das Aussehen bestimmter rauher, fasriger Holzfurniere. Zur Verfeinerung der Textur und Effekte wird der Vorgang mit leichterem Druck wiederholt.

VERLÄNGERTE FASERSTRUKTUREN

1 Ziehen Sie den Schlagpinsel so durch den Anstrich, daß sich die Borsten nach außen spreizen. Das ergibt eine sehr grobe, aber lebendige Holzmaserung. Arbeiten Sie rasch, damit Sie mit dem 2. Schritt *beginnen, bevor die Farbe zu trocknen anfängt. Wenn sie doch schon trocknet, wird sie mit einem nassen Pinsel befeuchtet.*

2 Halten Sie den Schlagpinsel flach gegen die Oberfläche, und patschen Sie die Farbe auf, während Sie den Pinsel zu sich heranziehen. Das verfeinert die lebhaften Strukturen vom 1. Schritt.

EICHENMASERUNG

Anwendung des Anstrichs wie im *1. Schritt* unten. Glätten Sie die Pinselstriche mit einem Vertreiber, und rollen Sie einen mit schwarzer Farbe beschichteten Eichenmaserierer über die Oberfläche (siehe S. 128).

Holzmaserung mit dem Pinsel

Bei der Holzmasertechnik werden die wundervollen natürlichen Holzfaserstrukturen imitiert. Die Entwicklung dieser Technik erreichte im 19. Jahrhundert ihren Höhepunkt, als hochtalentierte Künstler jede bekannte Holzmaserungsart nachahmten. Die relativ einfache Technik auf der gegenüberliegenden Seite (siehe S. 97) eignet sich für die unspezifische, aber effektvolle Holzmaserung, wie sie hier links an der Türe des schottischen Wohnzimmers zu sehen ist. Für eine eher kiefernartige Maserung siehe Seite 98 bis 99 und für ein Clair-bois-Finish (helle Hölzer) siehe Seite 94 bis 95.

Jede glatte Oberfläche, die sich mit Eierschalenfarbe beschichten läßt, eignet sich auch zur Maserung. Moderne Standardtüren wie diese hier können durch entsprechende Gestaltung einem Raum angepaßt werden. Teuere dunkle Hölzer, wie Mahagoni, lassen sich auf billigen Hölzern und Sorten aus regenerativem Anbau imitieren (siehe S. 34–35).

Zum Holzmasern ebenfalls geeignet sind Fußleisten, Möbel und Fußböden.

Lasur- und Oberflächenvorbereitung

Zur Holzmaserung verwende ich transparente, mit Künstlerölfarben angefärbte Öllasur, die mit Terpentin zu einer cremigen Konsistenz verrührt wird (zum Tönen von Lasuren siehe S. 157). Da Lasuren keine härtende Schutzschicht bilden, sollten sie lackiert werden.

Die Vorbehandlung einer zu masernden Oberfläche besteht aus dem Auftrag von zwei Schichten Eierschalenfarbe. So ergibt sich eine glatte Arbeitsfläche.

Farben zum Holzmasern

Die endgültige Holzfarbe wird vom Eierschalengrundanstrich und von der Lasurfarbe bestimmt. Für die Türe auf der gegenüberliegenden Seite verwendete ich eine mit Umbra gebrannt (Künstlerölfarbe) getönte Lasur auf braunem und weich-gelbem Grundanstrich, um den Eindruck zweier verschiedener Holzarten zu erwecken.

Experimentieren Sie für verschiedenfarbige Holzmaserungen mit anderen Eierschalenfarben und einer Lasur, die Sie mit beliebigen erdfarbenen Künstlerölfarben mischen können.

Eine Türe verwandeln *Diese ehemals grüne Türe wurde abgeschliffen und erhielt dann einen Eierschalengrundanstrich in Ocker-Creme und Rosa. Nach dem Masern (Lasurfarbe und Technik siehe 1. bis 6. Schritt) wurden die eingelassenen Paneele mit Emulsion schabloniert und schwarz umrandet.*

Holzmaserung mit dem Pinsel

Abstaubpinsel

Schlagpinsel

Transparente Öllasur gemischt mit Umbra gebrannt Künstlerölfarbe

Transparente Öllasur

Tuch

WERKZEUGE UND MATERIALIEN

Zum Auftragen der getönten Lasur ist jeder saubere Malerpinsel geeignet. Sie benötigen auch einen Schlagpinsel, dessen langes Haar durch die Lasur gezogen, geklopft und gedrückt werden kann. (Für Spezialpinsel und Maserierer siehe S. 128–129.)

1 *Tragen Sie eine Lasurschicht auf die Paneelleisten auf. Diese dann mit dem Schlagpinsel anklatschen und ein beliebiges Holzfasermuster erzeugen.*

2 *Die Lasur auf die Paneelen auftragen und den Schlagpinsel aufwärts ziehen, um die für Holzfasern typischen Wirbel und Risse herzustellen.*

3 *Alle »Ausrutscher« mit einem Tuch beseitigen. Dann den Schlagpinsel fast flach halten und leicht tätschelnd die vorherigen Strukturen ausgleichen.*

4 *Ziehen Sie den Schlagpinsel durch die Lasur am Türrahmen (wie im* 2. Schritt*). An schmalen Stellen die Pinselkante benützen.*

5 *Mit der flachen Seite des Schlagpinsels die Lasur sanft tätscheln (wie* im 3. Schritt*). Achten Sie darauf, daß Sie den Pinsel langsam zu sich her bewegen.*

6 *Wenn Sie einen feinen Effekt wünschen, zehn Minuten warten und dann die Lasur mit den Spitzen des Abstaubpinsels in Maserrichtung verstreichen.*

Holzmaserung mit dem Maserierer

Wenn Ihnen die vorherige Holzmaserungstechnik zu schwer fällt, dann versuchen Sie es mit dieser einfacheren Methode. Hier kommt ein wenig bekanntes »Wunder«werkzeug zum Zuge, der sogenannte Gummimaserierer. Er erzeugt kiefernartige Strukturen und ist besonders effektvoll, wenn er beispielsweise in einem Raum, auf Türen oder an Fußleisten – wie in dem hier abgebildeten neuenglischen Wohnzimmer – nur vereinzelt eingesetzt wird. Verwenden Sie für eine realistisch wirkende Holzmaserung nur Naturfarben auf Holz oder einen in Holzfarbe gestrichenen Untergrund. Auch fantasievolle Variationen mit unnatürlichen Farben sind wirkungsvoll. Ich habe alte Farmhausbalken mit provisorischer Blau- und Rotmaserung gesehen, die ihnen einen originellen, naiven Charme verlieh.

Die Arbeitsfläche des Gummimaserierers ist gebogen und mit halbkreisförmigen Rippen für die Holzmaserstruktur versehen. Mein Malmittel ist Künstlerölfarbe, die entweder mit etwas Terpentin (für ein intensives Muster) verdünnt oder mit transparenter Öllasur (für die hier gezeigten feinen Effekte) vermischt wird.

Für ein tadelloses Maserieren sollte die Farbe bzw. Lasur auf eine glatte, nicht absorbierende Oberfläche aufgetragen werden. Alle Unebenheiten werden die Struktur empfindlich stören, es sei denn, Sie beabsichtigen diesen Effekt. Wenn die Farbe oder Lasur getrocknet ist (das dauert ein bis zwei Tage), firnissen Sie mit Öllack.

VERWENDUNG EINES GUMMIMASERIERERS

Halten Sie den Maserierer so, daß seine Rundung die nasse Farbe oder Lasur berührt, und ziehen Sie ihn sanft zu sich, wobei Sie den Winkel langsam verändern (oben, von links nach rechts). Während sich der Maserierer bewegt, ziehen seine Rippen die Lasur hoch (siehe 3. *Schritt gegenüber).*

WERKZEUGE UND MATERIALIEN

Ein Gummimaserierer ist bei dieser Technik unerläßlich. Obwohl für den Lasurauftrag und das Glätten der Struktur eigentlich jeder Pinsel genommen werden kann, ziehe ich für letzteres einen Abstaubpinsel vor, da seine Borsten für die Arbeit an der klebrigen Lasur hart genug, die Borstenspitzen jedoch gleichzeitig fein und weich sind. Experimentieren Sie mit holzfarbenen Künstlerölfarben wie Umbra natur oder Terra di Siena natur, und mischen Sie sie 1:3 mit tranparenter Öllasur und einem Tropfen Terpentin (siehe S. 157) oder, für gewagtere Muster, mit einigen Tropfen Terpentin.

Holzmaserung mit dem Maserierer

1 Die Lasur wird mit einem kleinen Malerpinsel glatt und einheitlich auf der Oberfläche verstrichen. Auf vertieften oder gerillten Oberflächen wie dem Profilbrett hier tupfen Sie die Lasur in die Spältchen, da es für die spätere Gesamtwirkung günstiger ist, wenn sie dunkel statt hell aussehen.

2 Prüfen Sie den Richtungsverlauf der Maserung, und tragen Sie, dieser Richtung folgend, die Lasurschicht behutsam mit den Borstenspitzen eines Abstaubpinsels auf. Achten Sie in diesem Stadium auf ein glattes, einheitliches Maserungsmuster.

3 Jetzt den Gummimaserierer langsam (wie auf S. 98 beschrieben) durch die Lasur ziehen und dabei ständig den Winkel ändern. Ruckartige Bewegungen hinterlassen unschöne Spuren und sind zu vermeiden. Den Maserierer öfter mit einem Lappen säubern, damit sich keine Lasur in den Rillen ansammelt.

4 Glätten Sie das Maserungsmuster mit einem Abstaubpinsel, damit es mit dem Untergrund eine Einheit bildet, und gleichen Sie die verdickten Lasurspuren aus. Den Pinsel für eine »gezogene« Wirkung durch die Lasur ziehen (wie ich es hier tue) oder die Lasur öffnen, indem Sie die Oberfläche mit der flachen Seite eines Schlagpinsels leicht klopfen (siehe S. 129), so daß eichenähnliche Porenstrukturen entstehen.

Vergoldung – Blattmetall

Gold hat die magische und verführerische Eigenschaft, Farben mit intensiver Wärme und Vielfältigkeit zu reflektieren. Jahrhundertelang haben Wasservergolder die hohe Kunst, loses Blattgold auf Lagen von feuchtem Leim aufzubringen, ausgeübt. Eine viel einfachere und schnellere Methode ist die hier vorgestellte sogenannte Transfervergoldung. Transferblattgold (auf gewachstem Seidenpapier liegend) wird über Vergolderleim auf Wasserbasis aufgelegt. Transferblattgold wird auf jede harte Oberfläche einschließlich Holz und versiegeltem Gips direkt aufgebracht und verleiht dem Gesso ein seidenweiches Finish. Die drei Himmelskörper rechts außen (siehe S. 101) wurden direkt auf gestrichenem Putz vergoldet.

Transferblattgold (entweder echtgolden oder preiswertes holländisches Blattmetall) ergibt ein satteres und strahlenderes Finish als Goldfarbe oder Goldpulver. Mit dem Vergolden glatter Oberflächen vertraut, können Sie zu geschnitzten Leisten und Zubehör wie Lampensockel übergehen. Neu Vergoldetes kann auch antikisiert werden (siehe S. 102).

Gesso als Alternative

Vergoldeter Gesso, eine dicke, zähe und in Schichten aufgebrachte Paste, ergibt ein perfekt seidenweiches Finish. Auf einer glatten Oberfläche läßt die durch Gesso entstehende leicht konvexe Form Blattgold noch mehr reflektieren und schimmern. Gesso gibt es in vielen Arten; leicht zu schaben und zu polieren sind jedoch die Hasenleim- und PVA-Versionen (2. *Schritt,* S. 101). Um etwaige Vertiefungen und Unvollkommenheiten zu betonen, wird mit Fullererde abgerieben, dann abgeschliffen und erneut poliert. Gesstaub kann Asthma verursachen; tragen Sie deshalb immer eine Schutzmaske, wenn Sie größere Flächen abschleifen! Verwenden Sie anstelle gefärbter, unter der Vergoldung verwendeter Tonsorten besser einen bereits eingefärbten Gesso; oder färben Sie ihn selbst bzw. bemalen Sie ihn in trockenem Zustand mit Gouache.

Technische Tips

Transferblattgold haftet an Fett; reinigen Sie also Ihre Hände vor Arbeitsbeginn, und umreiben Sie die zu vergoldende Fläche mit Schlämmkreide.
Das Geheimnis des weichen Finish besteht darin, das Blattgold nach etwa einer halben Stunde aufzulegen, nämlich dann, wenn der Vergolderleim klebrig wird. Da Vergolderleim auf Wasserbasis mehrere Stunden lang klebrig und daher aufnahmebereit bleibt, ist er in der Anwendung leichter als Vergolderleim auf Ölbasis, dessen Trocknungszeit je nach Hersteller variiert.

Das Finish

Holländisches Blattmetall oxidiert und wird mit der Zeit schwarz. Um das zu verhindern, tragen Sie einige Tage nach der Vergoldung Vergolderleim auf (nach dieser Zeit wird der zugrunde liegende Schellack trocken sein). Echtes Blattgold braucht keine Schutzschicht.

Auflegen des Transferblattgoldes

1 Die Konturen des Bildes zeichnen, wobei ein Papierausschnitt benützt werden kann. Dann den Vergolderleim aufstreichen (mit Künstlergouache tönen, damit er besser sichtbar ist).

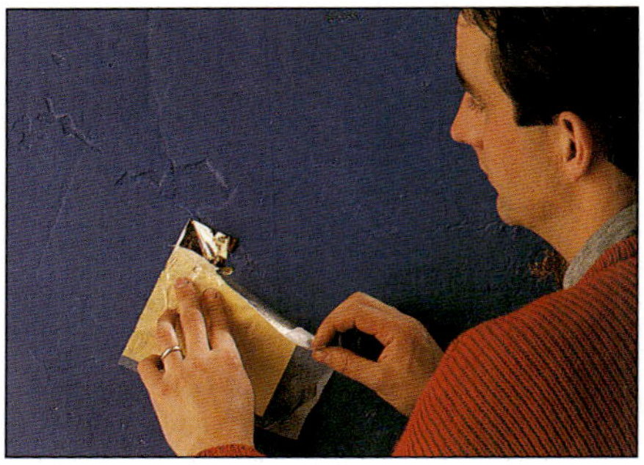

2 Wenn der Vergolderleim fast trocken, aber noch etwas klebrig ist, wird ein Blatt Transfergold sanft aufgedrückt (ich verwende holländisches Blattmetall). Vorsichtig das Seidenpapier abziehen.

3 Nach mehreren Stunden lose Teile des Blattes mit einem weichen Tuch oder Wolltuch abreiben. Dann die vergoldete Stelle polieren.

WERKZEUGE UND MATERIALIEN

Vergolderleim ist das Klebemittel für Transferblattgold. Die traditionelle (hier benützte) Gessoart wird aus Hasenleim hergestellt. Er wird im Wasserbad sanft erwärmt und warm aufgebracht. Zur Herstellung des eigenen traditionellen Gesso oder einer modernen PVA-Version siehe Seite 156. Vergoldungsmaterial finden Sie detailliert auf den Seiten 146–147.

GESSO-VORBEREITUNG

1 Malen Sie drei oder vier Schichten Gesso auf, bis die Fläche leicht erhaben ist. Wenn Sie Hasenleim-Gesso verwenden, nach der letzten Beschichtung über Nacht festwerden lassen.

2 Sobald der Gesso trocken ist, wird er mit einem Cuttingmesser abgeschabt und mit Siliziumkarbidpapier und feinster Stahlwolle poliert, bis die Oberfläche glatt ist.

3 Dieser Schritt ist wahlweise. Tragen Sie eine Schicht von gefärbtem Gesso oder Gouache auf. Trocknen lassen und dann mit feinster Stahlwolle auf Glanz polieren.

4 Zur Vergoldung des Gesso legen Sie das Gold, wie gegenüber gezeigt (siehe S. 100), auf. Gesso bildet eine Reliefstruktur, die das Gold noch mehr leuchten läßt.

Vergoldung – Metallpulver

Mit Goldpulver erzielen Sie Effekte von einem Schimmer und einer Brillanz, wie sie mit Goldfarbe nicht erreicht werden. Auf Entfernung wirkt dekorativ verarbeitetes Goldpulver wie Blattgold. Das Vergolden mit Pulver ist preiswert und schneller als die Blattvergoldung und daher für kleine wie auch für größere Flächen – wie dieser Art-nouveau-Fries – geeignet. Durch Antikisieren können Sie dramatische Akzente setzen (siehe S. 104–105).

Metallpulver gibt es in vielen Farben – auch in golden, wie hier verwendet. Das Pulver wird auf eine mit Vergolderleim beschichtete Oberfläche gepinselt oder gestäubt. Da Metallpulver hochgiftig sind, dürfen sie nicht eingeatmet werden. Schützen Sie Nase und Mund also unbedingt durch eine Maske, und tragen Sie eine Schutzbrille! Lüften Sie den Raum beim Auftragen von Vergolderleim, aber nicht bei der Arbeit mit Pulver. Einziges Erfordernis: eine einigermaßen glatte und nicht absorbierende Oberfläche. Absorbierende Oberflächen wie blankes Holz oder Gips sollten zuvor mit Farbe grundiert oder mit Einlaßgrundiermittel versiegelt werden.

Schutzschicht

Die vergoldete Fläche muß drei Tage trocknen, bevor Schellack oder gebleichter Schellack (siehe S. 140–141), 1:1 mit Brennspiritus verdünnt, aufgetragen wird.

ANTIKISIEREN VON GOLD

1 *Für den Antikeffekt überstreichen Sie das Goldpulver oder Blattgold reichlich mit französischem Emaillack (1:1 mit Brennspiritus verdünnt).*

2 *Tupfen Sie etwas Emaillack ab, um das Gold darunter sichtbar zu machen. Alternativ kann dann Lack gesprenkelt werden (siehe S. 60).*

WERKZEUGE UND MATERIALIEN

Die Trocknungszeit von Öl-Vergolderleim beträgt eine bis zwölf Stunden (siehe Technische Tips S. 100). Tragen Sie das Metallpulver mit einem Baumwollstoffkißchen, Kamelhaarvergolderpinsel oder einem weichen Make-up-Pinsel (siehe Spezialpinsel S. 128) auf. Zum Antikisieren wird französischer, mit Brennspiritus verdünnter Emaillack (ein Lack auf Schellackbasis) verwendet.

Vergoldung – Metallpulver

1 *Färben Sie den Vergolderleim (auf Wasserbasis ist vorzuziehen, siehe* S. *100–101) mit etwas Künstlerölfarbe an, damit er gut zu erkennen ist. Mit einem weichen Pinsel den Leim dünn und gleichmäßig verstreichen. Warten Sie, bis er fast trocken, aber noch etwas klebrig ist.*

2 *Legen Sie nun eine Schutzmaske (Mund und Nase) und eine Schutzbrille an. Jetzt einen Kamelhaarvergolderpinsel (oder Make-up-Pinsel) in ein kleines Töpfchen mit Goldpulver tauchen. Überschüssiges Pulver in das Töpfchen schütteln und dann auf dem klebrigen Goldleim vorsichtig eine dünne Schicht ausstreichen.*

3 *Den Goldleim ganz aushärten lassen (am besten 24 Stunden). Mit Schutzmaske und -brille das lose Pulver mit dem Abstaubpinsel restlos abpinseln und anschließend staubsaugen. Die vergoldete Fläche mit einem weichen Tuch sanft polieren, bis sie wirklich glänzt.*

»Gold«ornament *Die Metallpulververgoldung ist eine schnelle und preiswerte Möglichkeit, ein Ornament – wie dieses Plastikblatt – in eine satt schimmernde Dekoration zu verwandeln. Befolgen Sie die obigen Schritte, und verwenden Sie Gold-, Bronze- oder Silberpulver.*

Patiniertes Gold

Diese Technik gibt goldfarbenen oder mit Blattgold bzw. Goldpulver beschichteten Oberflächen einen zusätzlichen dekorativen Reiz in Form antiker Patina. (Sie kann sogar direkt auf Gußmetallen angewendet werden.) Die grandiose Wirkung der Patina verblüfft angesichts der einfachen Technik. Mit französischem Emaillack, Brennspiritus und Sprayfarbe werden deckende und durchscheinende Farbschichten aufgebaut. Diese Technik ist für Oberflächen geeignet, die horizontal bearbeitet werden können: von Möbeln bis zu Leisten – wie die goldgesprühte Fußleiste und der Hartholzfries (oben). Der Fries erhielt eine extra Farbstruktur, indem Farben um eine dreieckige Schablone gesprüht wurden.

Früher wurden zahlreiche Methoden zur Patinierung von Metallen angewendet. Heute vor allem üblich ist die chemische Patinierung, die allerdings hochgiftig und bei Echtgold unwirksam ist.
Weit sicherer ist die hier beschriebene Technik. Sie wird auf kupferfarbener Farbe angewendet und läßt die Oberfläche wie antike Bronze aussehen. Wenden Sie die einfache, auf Seite 102 beschriebene Methode an, um Blattgold bzw. Goldpulver eine feinere, antike Patina zu verleihen.

Bedeutung des Firnis

Außer reinem Gold wird jede der Luft ausgesetzte Metalloberfläche stumpf. Deshalb muß sie mit Schutzfirnis (auf Ölbasis) beschichtet werden. Das hilft auch, den bei dieser Technik verwendeten, eher spröden französischen Emaillack zu härten.
Nehmen Sie keinen Lack auf Alkoholbasis (Brennspiritus, siehe S. 154 bis 155). Er würde nämlich den zur Verdünnung des französischen Emaillacks (2. und 3. *Schritt*) verwendeten Brennspiritus lösen und die ganze Wirkung zerstören.

Alternatives Material

Französischer Emaillack wird im Fachhandel angeboten. Wenn Sie ihn nicht bekommen können, stellen Sie ihn selbst aus Holzbeize und weißem Schellack her (siehe Rezept S. 156).
Färben Sie alternativ dazu Firnis mit Künstlerölfarben, und verdünnen Sie ihn 1:1 mit Testbenzin. Mit dieser Mischung führen Sie den *1.* bis *6. Schritt* aus, wobei Sie statt Brennspiritus Terpentin nehmen.

Sicherheitstip

Wenn Sie beim *3. Schritt* Brennspiritus (oder Terpentin) sprenkeln, schützen Sie Ihre Augen mit einer Schutzbrille! Die Brennspiritusdämpfe haben betäubende Wirkung und können asthmatische Reaktionen hervorrufen. Tragen Sie deshalb bei jeder Anwendung Handschuhe, Atemmaske und Schutzbrille!

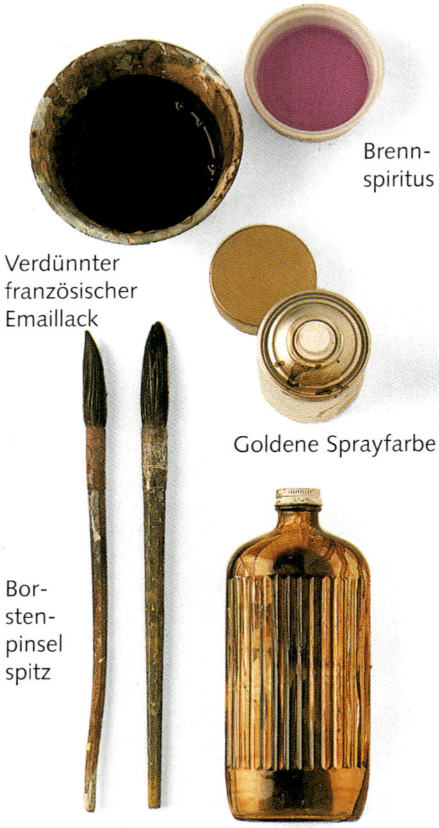

Werkzeuge und Materialien

Französischen Emaillack gibt es bei den Fachhändlern. Bei Beschaffungsproblemen siehe die Rezeptur auf Seite 156. Gebrauchsfertiger französischer Emaillack ist 1:1 mit Brennspiritus zu verdünnen. Sie benötigen drei bis vier verschiedene Farben, davon mindestens zwei Braunschattierungen. Einer der beiden spitzen Borstenpinsel (oder spitzen Künstlerpinsel) ist für das Auftragen des Emaillacks gedacht, der andere für den Brennspiritus.

Patiniertes Gold

1 Verdünnen Sie verschiedenfarbigen französischen Emaillack mit Brennspiritus. Tragen Sie jede Farbe auf, die eine locker und fleckig verschmiert, die andere gesprenkelt, indem Sie mit dem vollen Pinsel gegen die Finger klopfen. (Detaillierte Angaben zur Sprenkeltechnik siehe S. 60–61.)

2 Einen sauberen Pinsel in Brennspiritus tauchen (löst den Emaillack) und diesen zwischen die Farbflecken einarbeiten, wobei einige miteinander verbunden und andere völlig bedeckt werden (was sie fast transparent macht). Arbeiten Sie rasch, und gestalten Sie die Effekte so willkürlich wie möglich. Den Brennspiritus etwa fünf Minuten verdampfen lassen.

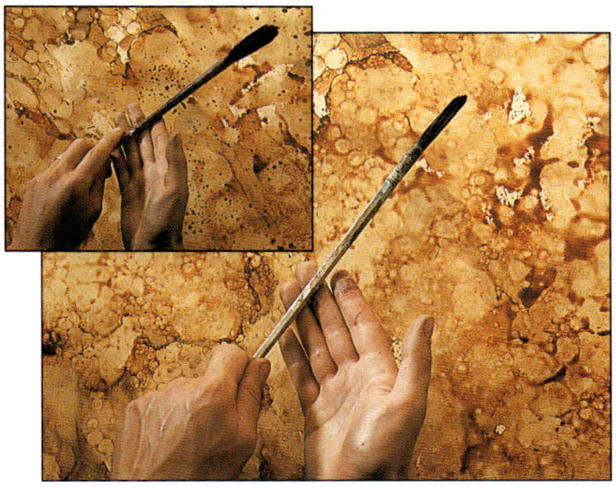

3 Nehmen Sie nun ein wenig unverdünnten Emaillack auf den Pinsel, und klopfen Sie ihn sanft gegen Ihre Finger. Besprenkeln Sie die gesamte Fläche mit kleinen Farbpünktchen, die Sie möglichst gleichmäßig verteilen. Dann die Fläche in der gleichen Weise mit Brennspiritus besprenkeln. Das löst den Lack teilweise und läßt ihn in viele komplexe, pfützenartige Strukturen aufbrechen.

4 Besprühen Sie die Fläche an den vom Brennspiritus feuchten Stellen leicht mit Goldfarbe. Farbe und Brennspiritus reagieren dann in Form gebrochener Strukturen, was die Wirkung etwas dämpft. Vielleicht lassen Sie diesen Schritt besser aus, wenn Sie an einem Blattgolduntergrund arbeiten, der mehr als Goldfarbe reflektiert und glänzt.

Glasmalerei

Obwohl die echte Kunst der Glasmalerei nicht sehr schwierig ist, erfordert sie eine spezielle Ausbildung und Ausrüstung. Wenn die Imitation auch leicht zerkratzt, ist sie doch einfach und so lebendig, daß sie sich von der echten Arbeit kaum noch unterscheiden läßt. Imitierte Glasmalerei erfolgt durch das Bemalen von Glas mit eingefärbten Lacken und dem Aufkleben von Bleibändern. Die schrittweise Durchführung der Glasmalerei (siehe 1.–4. Schritt *S. 107) basiert auf einem Design von Charles Rennie Mackintosh. Dieses und das Fensterdesign (oben) ist einem Möbelintarsien-Detail entnommen.*

Französischer Emaillack, das Malmittel für Glas, ist im Fachhandel in unterschiedlichen Farben erhältlich. Zur Verfeinerung mischen Sie die Farben jeweils mit Brennspiritus. Mischen Sie die Farben aber nicht untereinander, da das oft zu ziemlich stumpfen und trüben Kombinationen führt.

Nützliche Tips

Für die bessere Haftung des Lacks reinigen Sie das Glas vor Arbeitsbeginn gründlich mit Brennspiritus. Vermeiden Sie den Hautkontakt mit dem Lack, da die Farbstoffe stark abfärben. Französischer Emaillack wird in trockenem Zustand spröde, das heißt, er wird bald Kratz- und Abnutzungsspuren aufweisen. Daher sollten Sie Ihr Design mit einer Glas- oder Plexiglasplatte schützen. Es ist ratsam, Kinder bei der Anwendung dieser Technik fernzuhalten.

Dekorative Anwendungen

Vorsicht: Bei dieser Technik wird der Effekt verdorben, wenn Sie des Guten zuviel tun. Glasmalerei wirkt am besten dezent über den Raum verteilt, zum Beispiel auf Glaspaneelen über einer Tür, an Dachfenstern oder Spiegeln, aber nicht an jedem Fenster! Abstrakte Designs und Strukturen sind allgemein leichter herzustellen als naturalistische.

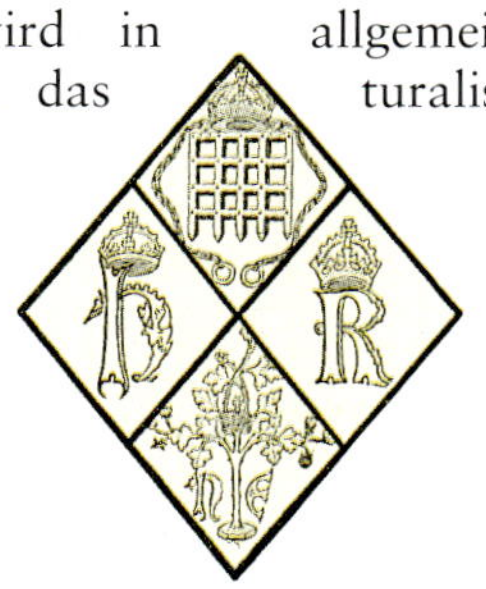

Design-Anregungen *Alles mögliche (nicht nur Glasmalerei-Designs) kann zur Quelle der Inspiration werden. Dies hier ist ein mittelalterliches Fliesenmuster.*

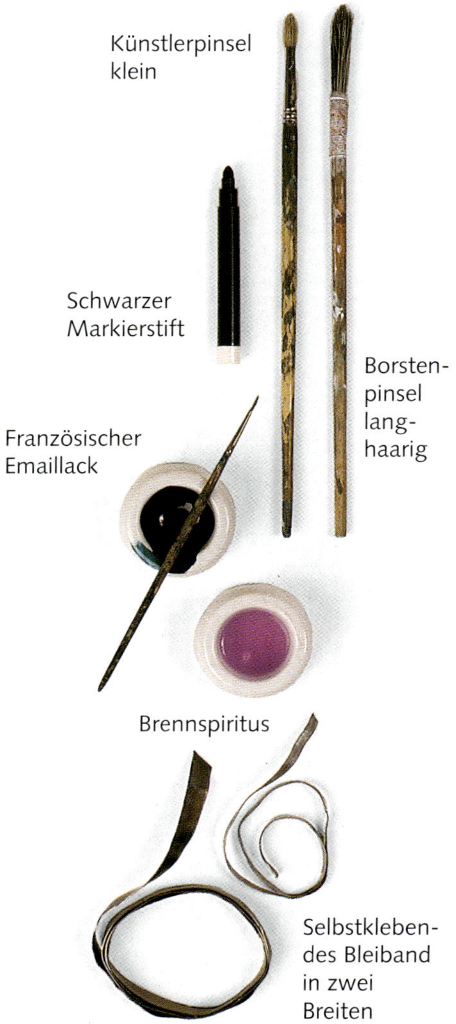

WERKZEUGE UND MATERIALIEN

Weiche, biegsame Pinsel (z. B. langhaarige Borstenpinsel) sind bei dieser Technik ganz wichtig, wie auch einige kleine Künstlerpinsel. Französischer Emaillack ist das Färbemittel (siehe S. 156 zum Selbstmachen). Brennspiritus – der zur Verdünnung des im *1. Schritt* aufgetragenen Emaillacks dient und im *2. Schritt* selbst verwendet wird – sollte nur in einem gut gelüfteten Raum benützt werden. Selbstklebende Bleibänder gibt es in Heimwerkergeschäften. Blei ist giftig, bringen Sie also Ihre Hände nach der Benutzung nicht an den Mund, und waschen Sie sie sorgfältig!

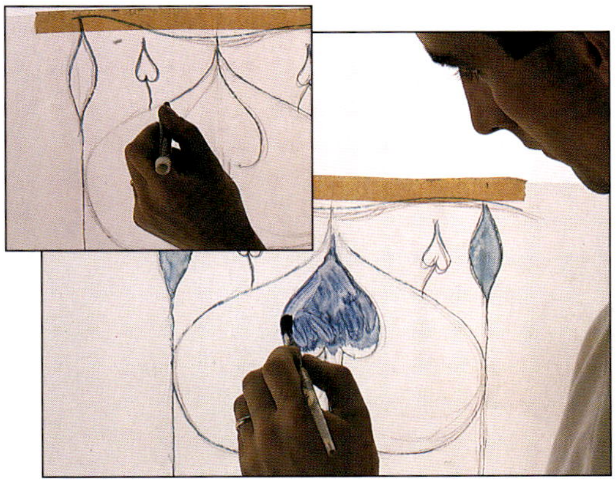

1 Zeichnen Sie Ihre Vorlage auf Transparentpapier, und kleben Sie es auf die Rückseite des Glases. Zusätzlich wird die Kontur des Designs mit einem schwarzen Markierstift auf die Vorderseite des Glases gezeichnet. Mit einem sehr weichen Pinsel (ich benütze einen langhaarigen Borstenpinsel) wird dann der im Verhältnis 1:1 mit Brennspiritus verdünnte Emaillack aufgetragen.

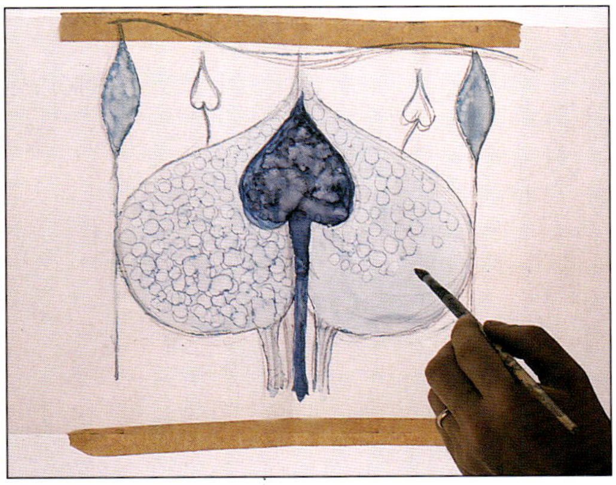

2 Da der Emaillack schnell zu einer transparenten Oberfläche trocknet, sind sichtbare Pinselstriche gewöhnlich schwer zu vermeiden. Um sie zu kaschieren und gleichzeitig ein dekorativ gesprenkeltes Muster zu erhalten, wird mit einem kleinen, in Brennspiritus getauchten Künstlerpinsel die Oberfläche betupft. Das löst den Lack, auch wenn er schon trocken ist, und verursacht Ringe und Muster.

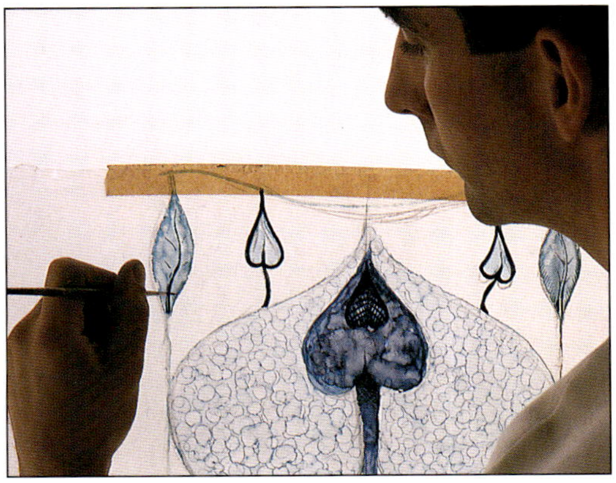

3 Mit dem anderen kleinen Künstlerpinsel werden jetzt alle übrigen Details – wie hier die Blattadern – mit unverdünntem schwarzen Emaillack auf dem Bild eingetragen. Mit unverdünntem Lack werden auch alle Konturen eingezeichnet, die für ein Bleiband zu fein sind.

4 Wenn der Lack trocken ist, drücken Sie vorsichtig selbstklebendes Bleiband um Ihr Design. Ziehen Sie es um flache Kurven, und passen Sie es stärkeren Biegungen an, indem Sie es an der Innenseite mit einer starken Schere etwas einschneiden. Das Bleiband verdeckt die mit dem Markierstift gezogenen schwarzen Linien.

Bemalte Motive

Kein Dekorateur wird im Schnellverfahren das geübte Auge eines guten Künstlers entwickeln können. Dennoch bieten sich eine Reihe einfacher und sehr effektvoller Techniken an, die in diesem Kapitel behandelt werden. Die größte Vielseitigkeit verspricht wohl das Schablonieren, weil damit selbst das einfachste Design wie die Arbeit von der Hand eines Künstlers aussehen kann. Découpage, die traditionelle Methode, mit Papierausschnitten von Gravierungen zu arbeiten, war mein Vorbild für die Handkolorierung von Fotokopien, die als Blickfang oder Teil eines größeren Arrangements dienen können. Und schließlich gibt es die verwandten Techniken Grisaille und Trompe l'oeil, Methoden anspruchsvoller Illusionskunst.

Fotokopien sind die preiswerte Alternative zur Ornamentierung von Wänden. Sie können schwarz-weiß (wie dieser Greif) belassen oder von Hand koloriert werden.

Betonen Sie die erhabenen Strukturen von Linkrusta, indem Sie sie andersfarbig als den Untergrund gestalten.

Übertragen Sie zur Malorientierung Ihr Motiv von Transparentpapier auf die gewählte Oberfläche, indem Sie es mit einem weichen Bleistift auf der Rückseite durchpausen.

Unterschiedliche Schabloniereffekte können mit Sprayfarben (unten links) oder einem Stupfpinsel (unten) erzielt werden.

Verwenden Sie Farbkopien bei stark detaillierten farbigen Bilddarstellungen, besonders bei sich wiederholenden Mustern.

Eine mit einem komplexen Schablonenmuster geschmückte strukturierte Oberfläche erweckt den Eindruck sorgfältiger Freihandmalerei.

Verschlungenes Blumenmuster (unten)

emaltes rnament d Wand- mälde

Herstellung von Schablonen

Der Entwurf und die Herstellung eigener Schablonen kann sehr anregend und auch lohnend sein. Sicherlich bedarf es etlicher Zeit und Geduld, doch wenn Ihr Motiv Form annimmt, werden Sie zufrieden und von echtem Stolz erfüllt sein. Ein gelungenes Beispiel ist die blaue schablonierte Wand im Arrangement (links). Aber entwickeln Sie nicht von vornherein zuviel Ehrgeiz – beginnen Sie mit einem einfachen Motiv, und steigern Sie sich dann. Wenn Sie die Technik beherrschen, wird Ihnen allein die Fantasie noch Grenzen setzen können.

Jahrhundertelang wurden Schablonen aus Messing- bzw. Zinnplatten geschnitten oder einfach aus Schablonenpapier, das noch heute im Künstlerbedarf erhältlich ist. Es besteht aus festem Manilapapier, das entweder mit Schellack oder Leinöl getränkt ist. (Zur Eigenherstellung siehe S. 156.)
Einmal ausgeschnitten, wird die Schablonenform beidseitig leicht mit Sprayfarbe besprüht. Bei wäßrigen Anstrichen wird dadurch das Einrollen des Papiers verhindert.

Inseln und Brücken

Die Kunst eines komplizierten Musters liegt darin, die verschiedenen Teile des Musters richtig miteinander zu verbinden. »Schwimmende Papierinseln« inmitten eines ausgeschnittenen Bereichs müssen mit den Schablonenecken verbunden werden.
Solche Verbindungen bzw. »Brücken« sollten in regelmäßigen Abständen auftauchen, damit die Schablone nicht auseinanderfällt. Mit etwas Übung lassen sich die Brücken gut in das Schablonenmuster integrieren. In einem zarten Design sollten sie nach Möglichkeit recht dünn sein. Ganz einfache Muster, wie das Fisch-Design auf Seite 115, benötigen gar keine Brücken.
Wenn Sie ein sehr verschlungenes Motiv ausgeschnitten haben, kleben Sie zur Stabilisierung der Schablone ein Blatt feinster Schneidernetzunterfütterung auf die Rückseite. Das hält die Schablone bei Gebrauch zusammen. Zum Kleben zerrissener Schablonen verwenden Sie wasserdichtes Abdeckband.

Ideenlieferanten *Das gegenüber gezeigte Schablonendesign wurde dem Buch über Ornamente des 19. Jahrhunderts entnommen (die Stelle des Designs ist vergrößert). Auch gemusterte Papiere und Stoffe liefern reichlich Ideen.*

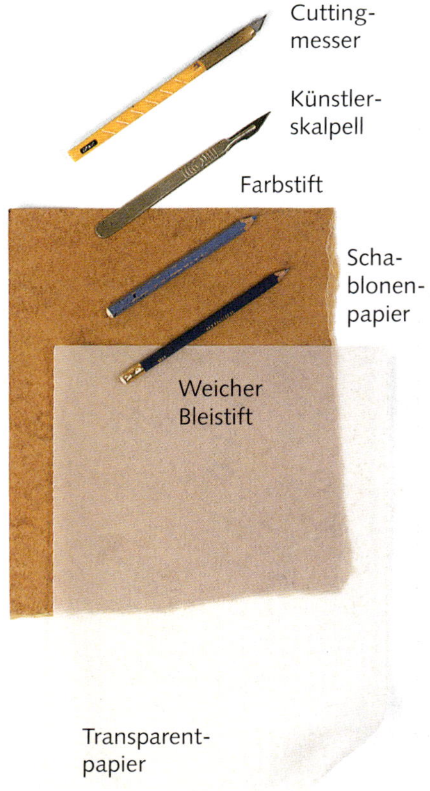

WERKZEUGE UND MATERIALIEN

Beim Ausschneiden benötigen Sie vor allem Geduld und ein scharfes Cuttingmesser. Bei einem Skalpell nicht zuviel Druck anwenden, damit die Klinge nicht zerbricht und herausfällt. Wenn Sie viel schneiden, erwägen Sie die Anschaffung eines Teppichmessers.

SCHABLONENMALEREI

Hier sehen Sie das Muster (oben), anhand dessen die Schablonenmalerei (unten) entstanden ist. Es ist immer ratsam, vor dem eigentlichen Beginn der Dekorationsarbeit eine Probe auf Papier zu machen.

Herstellung von Schablonen

1 Zeichnen Sie über das Originaldesign ein Gitter, dessen horizontale Achsen Sie numerieren und die vertikalen mit Buchstaben versehen. (Bei Verwendung eines Stoffdesigns zeichnen oder fotokopieren Sie dieses statt dessen.) Legen Sie die Größe Ihrer Schablone fest, und zeichnen Sie ein neues Gitter auf das Transparentpapier. Übertragen Sie nun das Originaldesign Quadrat für Quadrat mit weichem Bleistift auf das Transparentpapier.

2 Das Transparentpapier jetzt umgedreht auf das Schablonenpapier kleben. Fahren Sie die Konturen mit festem Bleistiftdruck nach. So wird die mit weichem Bleistift erstellte Originalkopie auf das Schablonenpapier übertragen. (Eine Vereinfachung des 1. und 2. Schrittes ist die direkte Vergrößerung (Fotokopie) des Designs, das dann auf das Schablonenpapier geklebt und ausgeschnitten wird.)

3 Es ist empfehlenswert, jetzt das Design auf dem Schablonenpapier einzufärben, damit eine Vorstellung über das Aussehen des künftigen Musters entsteht. Zeichnen Sie mit einem Farbstift ein System von »Brücken« ein, damit jede »schwimmende Insel« in der Mitte des Papiers eine Verbindung erhält. Diese Brücken dienen auch der Stabilisierung der Schablone.

4 Schneiden Sie die kolorierten Teile der Schablone aus, ohne die Brücken zu zerstören. Nehmen Sie sich Zeit zum Schneiden, da sich Genauigkeit auszahlt und Sie sich auch nicht so leicht selbst schneiden. Sollten Sie einen Fehler machen oder das Papier zerreißen, kleben Sie es mit einem Abdeckband wieder in Form.

Dekorieren mit Schablonen

Schablonieren ist eine der wirkungsvollsten und preiswertesten Methoden, einen Raum mit Mustern und Ornamenten zu dekorieren. Und auch eine der einfachsten: Farbe wird auf eine Manilapapierschablone gestupft (siehe Werkzeuge und Materialien auf S. 130–131), und an der Wand entsteht ein Muster von bezaubernder Weichheit, wie sie von vorgefertigten Bordüren und Tapeten nicht erreicht wird.

Diese Fleurs de lis – Lilie im französischen Königswappen – wurden auf die rauhe Putzwand des französischen Küchenarrangements schabloniert (oben). Fügen Sie – wie ich – freihändig Details dazu, um Ihrer Schablonenmalerei die eindrucksvolle Wirkung einer Freihandkomposition zu verleihen. Anschließend ein wenig abschleifen oder mit einem wäßrigen Farbanstrich dem Untergrund anpassen, für ein verblichenes Aussehen.

Verdünnte Emulsion und Marderhaarkünstlerpinsel

Emulsion und steifer kleiner Malerpinsel

WERKZEUGE UND MATERIALIEN

Verwenden Sie einen steifen Maler- oder Schablonierpinsel zum Schablonieren und einen Marderhaarkünstler- bzw. Linierpinsel fürs freihändige Detailmalen.

Zum Schablonieren benutze ich als Malmittel gewöhnlich Emulsionsfarbe, die in einer großen Farbpalette angeboten wird, schnell trocknet und für viele Oberflächenarten geeignet ist (siehe Tabelle S. 152–155). Natürlich können auch andere Arten von Farbe sowie Sprayfarbe verwendet werden. Für die Effekte siehe Seite 114 bis 115.

Es ist nur wenig Farbe auf dem Pinsel nötig, streifen Sie also vor Arbeitsbeginn den Überschuß auf altem Papier ab. Nehmen Sie für die Freihanddetails einen Marderhaarkünstlerpinsel bzw. einen Linierpinsel sowie verdünnte Emulsion (sie zerfließt leicht). Für das mittelalterlichen Lilie-Design verwendete ich zwei typische mittelalterliche Farben: dunkles Apfelgrün und Rotbraun.

Kombinierte Techniken

Die Schablonenmalerei wurde etwas angeschliffen, um ihr Äußeres dem rissigen Wandputz anzugleichen. Durch Anschleifen erhalten die auf Holz schablonierten Bilder eine rauhe, fasrige Struktur, und die auf schwammgetupften oder farbgetünchten Untergründen aufgebrachten Schablonenmuster sehen dadurch weich und uneben aus. Um die Schablonenmalerei intensiver mit dem Untergrund zu verbinden, habe ich beides mit einem wäßrigen Anstrich aus verdünnter Emulsion überstrichen (oben rechts).

Schablonieren kann auch mit Weißwachsen von Holz (»gekalktes« Holz) kombiniert werden. Das Design (rechts) wurde auf ein Paneel schabloniert und mit Weißwachs eingerieben.

Muster und deren Wiederholung

Wenn Sie Ihre eigene Schablone für eine Bordüre, ein Fries oder regelmäßige Muster verwenden, nehmen Sie Maß und markieren Sie die jeweilige Bildposition. Wenn Sie das nicht tun, werden Sie feststellen, daß die Bilder leicht »aus der Reihe tanzen«, an den Ecken eines Raums nicht genau zusammentreffen oder nur noch zur Hälfte Platz haben, wenn sie die Decke erreichen. Verwenden Sie für die horizontale Ausrichtung eine Wasserwaage, für die vertikale ein Senkblei.

SPEZIALEFFEKTE

Die Putzwand (oben) wurde dem *1.* bis *4. Schritt* entsprechend schabloniert und dann mit verdünnter Emulsion gestrichen. Die kleine Fleur de lis (oben) war auf ein Paneel schabloniert und dann weißgewachst worden (siehe S. 58–59).

1 *Messen Sie die Positionen der einzelnen Schablonenbilder aus, und zeichnen Sie sie mit einem Bleistift leicht an. Zum Ausmessen benötigen Sie ein langes Lineal, für die horizontale Ausrichtung eine Wasserwaage und für die vertikale ein Senkblei.*

2 *Die Schablone wird mit einem schwachklebenden Abdeckband und/oder mit schwachklebendem Klebespray befestigt. Mit wenig Emulsionsfarbe auf dem Pinsel (den Überschuß vorher abtupfen) die Farbe rasch aufstupfen. Benützen Sie einen steifen Malerpinsel (wie ich hier) oder einen Schablonierpinsel.*

3 *Nach dem Trocknen der Farbe die Schablone entfernen. Zum Konturieren und Hinzufügen von Details nehmen Sie einen Marderhaarkünstlerpinsel (wie ich) bzw. einen langhaarigen Linierpinsel sowie 1:1 mit Wasser verdünnte Emulsionsfarbe, damit sie leicht vom Pinsel geht.*

4 *Um die neue Schablonenmalerei (siehe nebenan) mit den Spuren der Zeit zu versehen, schleifen Sie das Ganze nach dem Trocknen leicht mit Schleifpapier der Körnung 100 an. Das ergibt gefällige Resultate mit weichen Farbvariationen auf texturierten Oberflächen wie Putz bzw. blankem Holz oder auf glatten, schwammgetupften oder farbgetünchten Flächen (siehe S. 46–51).*

Schabloneneffekte

In Häusern, Restaurants und Hotels sind schablonierte dekorative Umrandungen auf einfachem Untergrund ein vertrauter Anblick geworden. Es ist aber weitgehend unbekannt, was dieses vielseitige Dekorationsmedium der Schablone an großartigen Wirkungen sonst noch erreicht. Mehr als nur eine dekorative Vorlage, die lediglich auf eine Oberfläche plaziert wird, ist die Schablone nämlich ein elementares Medium, das andere spezielle Farbgestaltungstechniken ergänzt und bereichert. Das Schablonenbild selbst kann äußerst kunstvoll und originell sein und in ungewöhnlichen Farben ausgeführt werden. Oder es kann auch in feiner und reizvoller Weise etwa auf einen gemusterten oder perforierten Untergrund appliziert werden.

Die einfachste Anwendung von Schablonen ist ihre Wiederholung in einer Art fortlaufendem Zierband. Für einen komplexeren Effekt kann das Schablonenmuster überlappen und die Schablonenposition jedesmal leicht verändert werden (siehe die Eichenblattdesigns S. 115). Manche flächenübergreifenden Designs können sogar eine exzellente »Tapete« ergeben, wie die Schablonenmalerei auf Seite 110 (oben links) zeigt.

Unterschiedliche Betonungen

Ein Schablonenmotiv gewinnt an Tiefe und Subtilität, wenn es auf einen farblich texturierten Untergrund, einen beispielsweise farbgetünchten, gesprenkelten oder holzgemaserten (siehe die intarsienartigen Disteln auf der Tür S. 115) oder sogar auf einen perforierten Wandschirm appliziert wird. Blanke Putzwände ergeben einen ungewöhnlichen Untergrund. Ein Schablonenmuster kann auch durch Übermalen mit einer blassen, sehr verdünnten Emulsion oder durch Besprenkeln mit Farbe, Lasur oder gar Lack mehr Reiz erhalten.

Malarten und Farben

Mit einem steifen Pinsel kann Emulsionsfarbe (siehe S. 112–113), aber auch Eierschalen- oder Künstlerölfarbe aufgestupft werden. Mit solchen Farben auf Ölbasis lassen sich die Farbtöne für weiche Schattierungen leichter mischen, da sie länger naß bleiben. Sie können auch, durch unterschiedlichen Druck auf die Düse, Sprayfarben für wundervoll abgerundete Ecken verwenden.
Mit Gold- und Silberfarbe besprühte Schablonenmuster verleihen einem Raum mehr Schimmer. Die Goldfarbe des Blütendesigns (siehe S. 100 oben links) vertiefte den Zauber des Dekors.

Schablonen als Hilfen

Schablonen und Masken sind nützliche Hilfen für andere Techniken. Hier benütze ich die Schablone zum Konturieren mit Bleistift, um dann Blattgold zu applizieren (siehe S. 100). Auf Seite 81 verwendete ich eine Maske als Schutz bei getrennten Farbaufträgen.

Untergrundeffekte
Die beiden Beispiele zeigen klar, wie sehr andersfarbige Untergründe dasselbe Schablonenmotiv mitgestalten. Ein Design wurde auf grauen, das andere auf roten Untergrund gesprüht. Farben können verschiedene Teile des Schablonenmusters abschwächen oder betonen. Bei dem grauen Beispiel liegt die Betonung auf der Umrandung, bei dem roten auf dem mittleren Teil.

Wiederholung von Schablonenmustern

Einzelbilder können so wiederholt werden, daß ein flächendeckendes Muster entsteht. Sie können aber auch nur eine bestimmte Fläche füllen, wie das Distel-Design (unten), das passend zu den holzgemaserten Türpaneelen entworfen wurde. Musterwiederholungen können auch zur Umrandung eines Raums verwendet werden. Das frühamerikanische Eichenblatt-Design (rechts) überlappt, wo sich die Goldkolorierung des Blatts sozusagen auflöst. In die zweite Schablone – zum Einzeichnen der schwarzen Blattadern – sind sogenannte Registrierlöcher geschnitten, um das Papier exakt an die Goldblätter anschließen zu können. Ursprünglich wurde für diese Art der Goldkolorierung Goldpulver auf klebrigen Vergolderleim aufgebracht. Die einfachere Methode: Goldfarbe aufstupfen (wie ich hier tat).

Schablone mit Registrierlöchern (unten)

Amerikanische Eichenblatt-Schablone

Schablonierter, mit Goldfarbe gestupfter Fries

Distel-Schablonenmuster (mit Emulsion)

Feine Schabloneneffekte

Die in komplizierteren Schablonen sichtbaren, die ausgeschnittenen Flächen zusammenhaltenden »Brücken« lassen sich besser tarnen, wenn die Schablonenmalerei auf einer perforierten Oberfläche, wie dem Wandschirm (unten), aufgetragen wird.

Schablone und gesprühtes Schablonenmuster auf einem Holzwandschirm (oben)

FARBVARIATIONEN

Eine einfache, aus einem Stück bestehende Schablone kann teilweise überklebt oder maskiert werden, so daß verschiedene Farben getrennt aufgestupft oder aufgesprüht werden können. So ist es möglich, unterschiedliche Teile des Motivs durch Farben zu betonen oder aber der Untergrundfarbe anzupassen.

DEKORIEREN MIT FOTOKOPIEN

Die Kunst der Verwendung von Papierausschnitten (Découpage) hat einen geschichtlichen Hintergrund. Im ausgehenden 18. Jahrhundert beispielsweise war die Découpage Mode: Ausgeschnittene Gravierungen wurden auf Wände geklebt und dann koloriert. Die schwarzen und weißen Linien der Gravuren zeigen sich gut auf Fotokopien. Ich kopiere historische Ornamente aus Büchern und integriere sie in eine Raumdekoration – entweder in schwarzweiß, wie im hier abgebildeten Badezimmer, oder von Hand bemalt. Auch Farbkopien sind wirkungsvoll (siehe das französische Empire-Studierzimmer S. 56, oben links).

Papier kann auf jede feste gestrichene, tapezierte oder aus blankem Holz, Putz oder steifem Leder bestehende Oberfläche geklebt werden. PVA 1:1 mit Wasser verdünnt ist der beste Allzweckkleber zum Papierkleben. Tapezierkleister ist eine brauchbare Alternative.
Ich verwendete verdünnte Emulsionsfarben zum Kolorieren der hier gezeigten Fotokopie (siehe S. 117), aber Acrylfarben, Gouache, Aquarellfarben und Künstlerölfarben sind genauso geeignet.

Schutz des Papiers

Papier verfärbt sich und wird auch leicht reißen, wenn es nicht gefirnißt ist. Eine Beschichtung mit verdünntem PVA ist für Papierausschnitte an Wänden völlig ausreichend. Für den Fall, daß sie naß werden, bedarf es allerdings wasserdichter Firnisse wie EVA oder Acrylharzfirnis (siehe S. 140–141 und 152–155). Für das Papier an strapazierten Stellen verwenden Sie einen festen Öllack.
Einen Antikeffekt im Stil der viktorianischen Découpage erreichen Sie durch die Beschichtung Ihres Bildes mit einem französischen bernsteinfarbenen Emaillack; für ein zart-rissiges Aussehen tragen Sie Reißlack auf (siehe S. 140–141).

Zeitersparnis

Ein kompliziertes Design, das auf eine bemalte Oberfläche geklebt werden soll, muß nicht ganz genau ausgeschnitten werden. Denn jede überflüssige Stelle kann überstrichen und somit der Untergrundfarbe angepaßt werden.

Trompe-l'oeil-Effekt
Diese bemalte Fotokopie (links) ist Teil einer Trompe-l'oeil-Dekoration (siehe das Arrangement auf S. 120, oben links). Es geht viel schneller, Fotokopien von Hand zu kolorieren als komplexe Designs selbst zu malen.

WERKZEUGE UND MATERIALIEN

Verwenden Sie ein Skalpell oder Cuttingmesser zum Ausschneiden der Fotokopien sowie einen Malerpinsel zum Kleben und Firnissen. PVA ist der beste Allzweckkleber und Firnis für Papier. Benützen Sie zum Bemalen einen kleinen Künstlermal- oder einen Borstenpinsel.

KOLORIERTE DÉCOUPAGE

Ich färbte diese Fotokopien von Gravierungen des 18. Jahrhunderts so mit Aquarellfarbe, daß sie genau zu dem authentischen Grün (18. Jh.) der Wände passen.

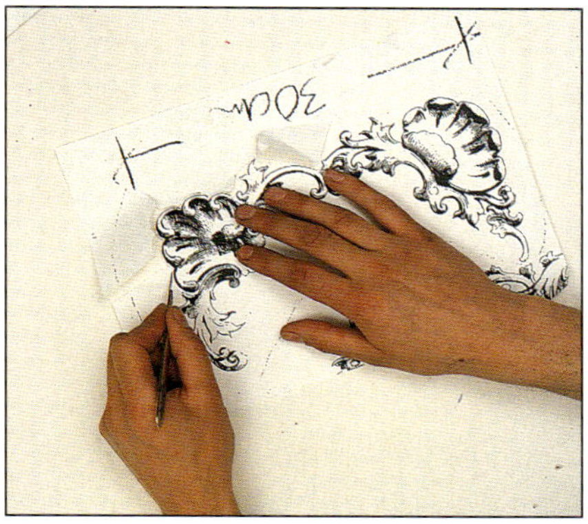

1 Legen Sie die Fotokopie auf eine glatte, feste Oberfläche, und schneiden Sie sie mit einem Cuttingmesser bzw. Skalpell sorgfältig aus, wobei Sie das Papier stabilisieren.

2 Mit einem Malerpinsel werden dann beide Seiten der Fotokopie mit PVA (1:1 mit Wasser verdünnt) eingestrichen. Das Ganze korrekt auflegen und glattstreichen.

3 Beim Trocknen wird sich das Papier glätten. Bemalen Sie danach die Fotokopie mit Emulsion (1:1 mit Wasser verdünnt) der gleichen Farbe wie der Untergrund.

4 Sobald sie trocken ist, zeichnen Sie mit einem Künstlerpinsel die Schatten ein. Richten Sie sich nach den dunklen Stellen der Fotokopie, und verwischen Sie die Farbe mit dem Finger.

5 Bemalen Sie die Glanzlichter mit weißer Farbe. Richten Sie sich nach den scheinbar erhabenen Stellen der Fotokopie. Gehen Sie mit der Farbe so sorgfältig wie möglich um.

6 Die weiße Farbe am Übergang zur Hintergrundfarbe mit dem Finger leicht verwischen. Wenn die Fotokopie trocken ist, mit PVA oder Lack versiegeln.

Grisaille

*Die in der Dekorationsgeschichte beliebte Grisaille-Technik ist die einfachste und eine der wirkungsvollsten Arten der Trompe l'oeil (Illusionsmalerei). Mit Schattierungen von Schwarz, Grau und Weiß wird Dreidimensionales wie Steinornamente, Kartuschen (medaillonförmige Ornamentmotive) und architektonische Elemente – wie der links dargestellte Türrahmen – imitiert. In der Anleitung gegenüber (*1.–7. Schritt, *S. 119) zeige ich die einfarbige Imitation einer Paneelleiste auf texturiertem Wandputz. Auf Seite 120 ist dieselbe Paneele unten in Farbe gemalt (ein komplizierterer Vorgang) und links oben in eine großzügige und einladende Trompe-l'oeil-Dekoration eines Speisezimmer integriert.*

Entsprechend der Grisaille-Tradition, die mit wasserlöslichen Farben arbeitet, verwende ich die leicht zu verarbeitende und schnell trocknende Emulsion auf Wasserbasis. Andere geeignete Farben sind mit Terpentin verdünnte Künstlerölfarben (mit einer Trocknungszeit bis zu 24 Stunden) sowie die selbst hergestellte und ziemlich schnell trocknende Gessofarbe (Anleitung siehe S. 156).

Vorbereitung und Abschluß

Nichtabsorbierende, mit Emulsion gestrichene Oberflächen eignen sich für die Grisaillemalerei am besten. Oberflächen, die bereits mit einer Farbe auf Ölbasis, wie Eierschalenfarbe, gestrichen sind, müssen zur Entfettung mit Fullererde oder Schlämmkreide abgerieben werden (siehe S. 144–145). Schützen Sie die empfindliche Grisaillemalerei mit einer Schicht aus mattem Öllack.

Auf der gegenüberliegenden Seite zeige ich bei der Imitation einer Paneelleiste ein logisches System gemalter, Licht und Schatten darstellender Linien. Zum Ziehen nicht schmierender, gerader Linien verwenden Sie ein Stück profilierte Sockelleiste oder Bilderrahmen. Die Leiste bzw. den Rahmen so anlegen, daß die erhöhte Kante gerade über der Wand liegt. Dann die Pinselzwinge direkt an diese Kante anlegen und die Linie ziehen. Auf diese Weise kann keine Farbe unter die Leiste laufen, wie das bei einem Lineal der Fall wäre, denn die Borsten kommen nur mit der Wand in Berührung.

Wenn die gemalten Linien (nach dem *7. Schritt*) zu scharf umrissen wirken, können sie durch leichtes Überstreichen mit einem wasserbefeuchteten Malerpinsel wieder weicher gemacht werden.

Gemalter Bilderrahmen

Verwenden Sie zur Imitation eines geformten Bilderrahmens das auf der gegenüberliegenden Seite gezeigte System von gemaltem Licht und Schatten. Zeichnen Sie den Querschnitt eines echten Bilderrahmen viermal, und deuten Sie jedesmal die vom Licht erhabenen und durch Schatten vertieften Stellen an. Malen Sie auch die Gehrungsecken!

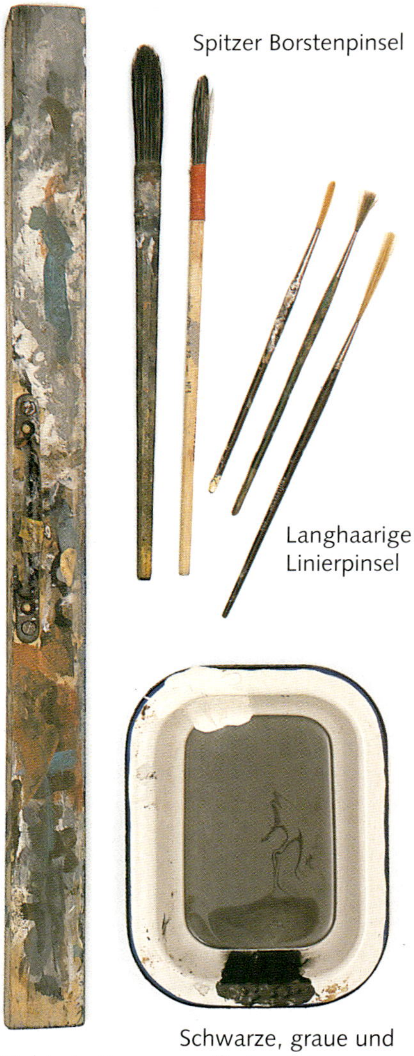

Spitzer Borstenpinsel

Langhaarige Linierpinsel

Richtscheit (Malerlineal)

Schwarze, graue und weiße Emulsion

WERKZEUGE UND MATERIALIEN

Die zum Linienziehen geeignetsten Pinsel sind Linierpinsel und spitze Borstenpinsel. Nehmen Sie ein Stück profilierten Bilderrahmen (oder profilierte Sockelleiste) als Malerlineal. Die Emulsionsfarben werden 1:5 mit Wasser verdünnt (nur im *6. Schritt* ist die Verdünnung 1:4).

Das System
Wählen Sie ein Stück der zu imitierenden Paneelleiste, die Sie im Querschnitt auf der Wand skizzieren. Halten Sie die Leiste flach an die Wand, und entscheiden Sie die Richtung des Lichteinfalls (ich entschied mich für Licht von oben). Verwenden Sie verschiedene Farben, um längs des Querschnitts zu markieren, wo Licht auf die erhöhten Stellen fällt und wo Schatten in den Vertiefungen liegt. Ich benutzte hier Gelb und Schwarz.

1 *Ziehen Sie Bleistiftlinien, die den am Querschnitt angegebenen Stellen von Licht und Schatten entsprechen.*

2 *Tragen Sie blaßgraue Emulsion auf die gesamte Fläche auf. Das gibt dem Rahmen Körper.*

3 *Malen Sie mit einem Borstenpinsel und schwarzer Emulsion breite Linien zur Heraushebung der hellsten Schatten.*

4 *Zur Andeutung der Leistenrundung werden sodann einige Schattenlinien mit einem feuchten Pinsel gemildert.*

5 *Malen Sie mit einem sehr feinen Linierpinsel schwarze Linien ein, die die dunkelsten Vertiefungen und Schatten darstellen.*

6 *Weiße Linien einzeichnen, wo der Rahmen am meisten Licht hat. Farbe 1:4 mit Wasser verdünnen.*

7 *»Werfen« Sie einen Schatten (Umbra natur Emulsion) auf den unteren Teil des Rahmens und an die Wand.*

Trompe l'oeil

Trompe l'oeil: das Auge täuschen – optische Täuschung. Diese Technik kann für ein begleitendes Ornament verwendet werden, aber auch Thema einer ganzen Wand sein, wie die Wanddekoration im links gezeigten Speisezimmer. Ich benutzte hierfür Farbe und bemalte Fotokopien. Solange Sie in der Kunst des Perspektivemalens nicht so sicher sind, vergessen Sie Landschaften oder Figürliches und malen Sie architektonische Elemente wie Flachreliefleisten oder Säulen unter Verwendung eines Systems von Glanzlichtern und Schatten (kopieren Sie von anderen Quellen, wenn Sie wollen), um das Gemalte dreidimensional wirken zu lassen.

Für die Trompe-l'oeil-Leiste (unten) benützte ich die Grisaille-Technik (siehe S. 118–119) und ersetzte die graue Grundfarbe durch Blaßrosa. Für die Glanzlichter und Schatten entschied ich mich für hellere und dunklere Abschattierungen derselben Farbe. Wählen Sie wie bei der Grisaille-Technik für den »geworfenen Schatten« eine nicht verwandte Farbe (in unserem Beispiel Blau). Beginnen Sie mit einem einheitlichen Grundanstrich, und bauen Sie Glanzlichter und Schatten auf.

Die hilfreichste Anregung für architektonisches Trompe l'oeil sind die Drucke von Künstlern wie Piranesi und Leonardo da Vinci. Diese zeigen ganz klar das Licht-Schatten-Spiel. Achten Sie zunächst auf die Hintergrundfarbe, und beachten Sie, wie diese und andere Farben aufgebaut sind. Beobachten Sie auch die zwei Arten von Schatten: den modellierenden Schatten, der die Form eines Objekts beschreibt, und den geworfenen Schatten, den dieses Objekt selbst wirft.

Die traditionell benützten Malmittel sind Leim- und Gessofarbe (siehe S. 156), aber es mag für Sie vielleicht einfacher sein, mit Emulsion zu arbeiten oder mit Künstlerölfarben, die mit etwas Terpentin oder transparenter Öllasur vermischt sind.

Farbige Leiste

Dies ist die mehrfarbige Trompe-l'oeil-Variante der zuvor einfarbig dargestellten Grisaille-Ausführung einer Paneelleiste (siehe S. 118–119).

Papierdesign *Fertig angebotene Papierdesigns wie dieses sind eine zeitsparende Alternative zur gemalten Trompe l'oeil. Integrieren Sie das Papier, indem Sie es mit einer verdünnten Version Ihrer Wandfarbe – hier blaßgraue Emulsion – bemalen.*

Gemalte Wanddekoration

Ich verwischte die Bleistiftschattierung, damit der gemalte Fries aus Efeublättern einen dreidimensional wirkenden Rahmen erhielt (oben). Die Graphik (unten), die ich aus einem Poster vergrößerte, war einfach zu bemalen, da es keine Schattierungen und Farbabstufungen gab.

Werkzeuge, Materialien und nützliche Hinweise

Malerpinsel

Malerpinsel sind das Handwerkszeug für den vielfältigen Umgang mit unterschiedlichen Farben und Anstrichen wie auch mit Wachsen, Pasten und Pulvern.

Pinselformen

Im Pinselsortiment gibt es unterschiedliche Formen: flach, rund, oval, spitz – und ziseliert (das heißt durch den Gebrauch geformt). Die Breite der Pinsel variiert von wenigen Millimetern bis zu 25 Zentimetern.
Obwohl Größe und Grundausstattung des benötigten Pinsels jeweils durch die Arbeit und das zu verarbeitende Material vorgegeben sind, gibt es doch Variationen, die auf die Vorstellungen der Hersteller oder die unterschiedlichen Maltraditionen bestimmter Länder zurückzuführen sind.
Eines ist sicher: Schweineborsten sind fast immer am besten geeignet. Chinaborstenpinsel bestehen aus feinen, weißen, geschmeidigen Schweineborsten und sind die besten Malerpinsel, die Sie kaufen können. Die Investition lohnt sich. Die Borsten sind weich, flexibel und haben »Fahnen« (in mehrere Fasern aufgespaltene Spitzen), wodurch der Farbauftrag gleichmäßig und streifenfrei wird.
(Zur Pinselpflege siehe die Ausführungen auf S. 134–135.)

Alter, aber nützlicher Flächenstreicher

Ein alter Freund (oben)
Dieser zehn Jahre alte, immer noch benutzte Pinsel mit gebrochener Zwinge zeigt Flexibilität und einen ganz eigenen Charakter.

Flach, oval oder rund?
Je flacher ein Pinsel, desto weniger Farbe kann er aufnehmen. Und doch ist der Flachpinsel in den Vereinigten Staaten und Großbritannien der gebräuchlichste, während der ovale Pinsel im übrigen Europa bevorzugt wird. Der (runde) Ringpinsel, der eine beträchtliche Menge Farbe aufnehmen kann, ist ein altes britisches Design. Der rechts unten abgebildete Ringpinsel ist nach traditioneller Norm recht klein.

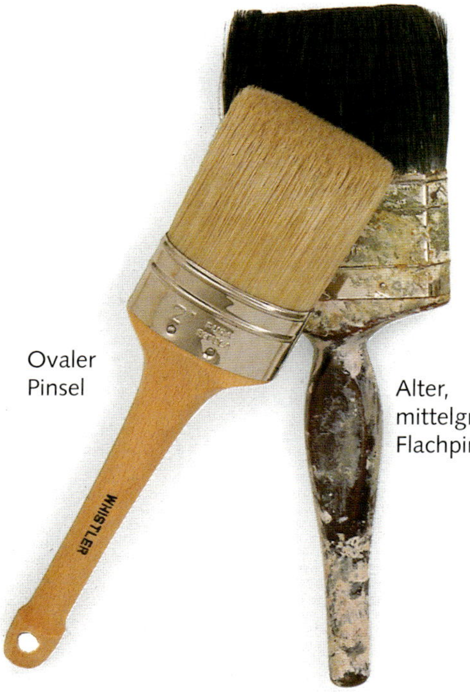

Ovaler Pinsel

Alter, mittelgroßer Flachpinsel

Chinaborsten-Flachpinsel

Altmodischer Ringpinsel

VERSCHIEDENE GRIFFE

Halten Sie den Pinsel zum Ausstreichen oder Glätten wie ganz oben und zum Flächenstreichen wie oben.

Lackierpinsel mit kurzen Borsten

Chinaborsten-Lackierpinsel

Breiter Lackierpinsel

Mittelgroßer, gut ziselierter Flächenstreicher

Lackierpinsel

Diese drei bis fünf Zentimeter breiten Lackierpinsel werden auch Fensterrahmenpinsel genannt, da sie traditionell zum Anstreichen von Fensterrahmen benutzt wurden – tatsächlich sind sie jedoch für alle kleineren Arbeiten sehr nützlich.

Großer, gut ziselierter Flächenstreicher

Chinaborsten-Flächenstreicher (durch Gebrauch verfärbt)

Kurzborstiger Flächenstreicher

Flächenstreicher

Die Größe, Borstenlänge und -flexibilität von Flächenstreichern garantieren bei jeder Art von Anstrich eine gute Beschichtung. Die Borstenenden der beiden großen Pinsel (oben) haben seitlich eine etwas abgenutzte (ziselierte) Form: ein Vorteil, da dies ein glatteres Verstreichen ermöglicht. Der dicke, kurzborstige Pinsel ist eine andere übliche Ausführung des Flächenstreichers. Er kann auch als preiswerte Stupfbürste verwendet werden. Der größte Pinsel (links außen), den ich »Tosher« nenne, wird für Anstriche sehr großer Flächen genommen.

Borsten- und Linierpinsel

Borsten- und Linierpinsel werden für kleinere Arbeiten und Details verwendet. Jede Untergruppe hat andere Eigenschaften und ist dementsprechend anders einsetzbar. Die einen sind nur für die dekorative Malerei, die anderen sind Künstlerpinsel.

Borstenpinsel (eigentlich Borstpinsel = englisch: »Fitch«) sind sehr gut für Möbelmalerei und zum farblichen Absetzen von Zierleisten geeignet. Es gibt sie in vielen Formen mit runden oder eckigen Enden. »Fitch« ist die alte englische Bezeichnung für eine Wieselart, den Iltis, dessen Haar ursprünglich zur Herstellung dieses Pinseltyps diente. Heute werden die besten Borstenpinsel aus weißen Chinaborsten hergestellt (große Ähnlichkeit mit Künstlerborstenpinseln).

Aus feinsten Schweineborsten, Roß- und Marderhaar sowie Polyester hergestellte Linierpinsel werden für feine Freihandmalerei, Linierung von Möbeln und Marmorierung verwendet. Borsten- und Linierpinsel sind für Wasser- und Ölfarben geeignet.

Linierpinsel, von links nach rechts: Schlepper aus Rindshaar, feinen Schweineborsten und Polyester

Spitze Borstenpinsel
Diese leichten und fein ausgewogenen Pinsel (links) werden zum exakten farblichen Absetzen benützt. Die Schwarzborstigen sind flexibel und nehmen entsprechend der Breite der zu ziehenden Linie viel Farbe auf. Der weiße langhaarige Borstenpinsel ist steifer, kontrollierter und gut geeignet, um die Farbe tief in die Zierleisten einzubringen .

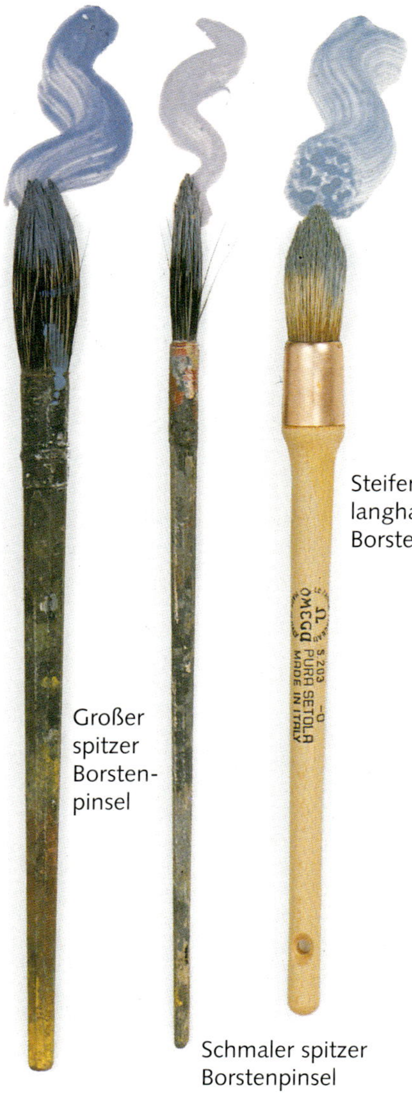

Großer spitzer Borstenpinsel

Schmaler spitzer Borstenpinsel

Steifer langhaariger Borstenpinsel

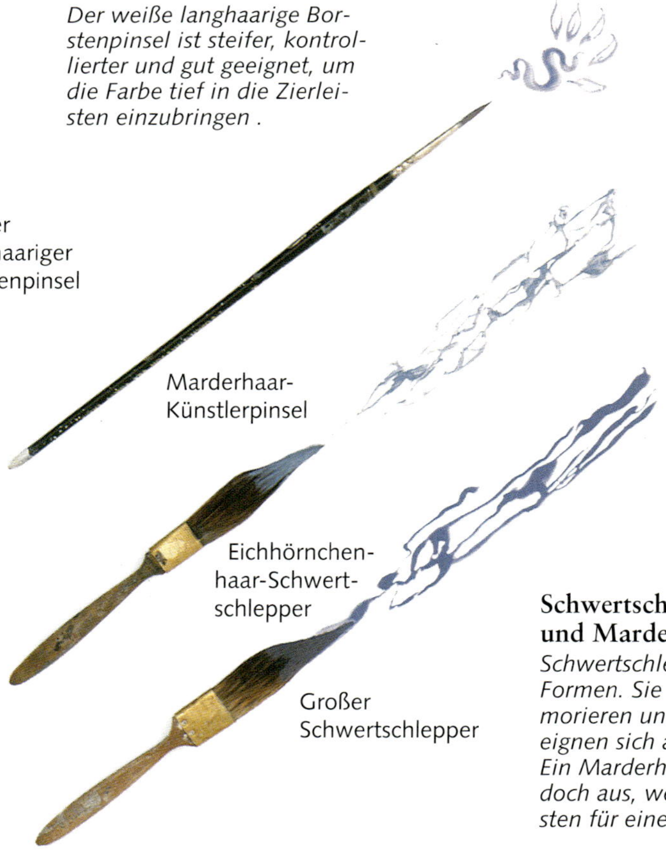

Marderhaar-Künstlerpinsel

Eichhörnchenhaar-Schwertschlepper

Großer Schwertschlepper

Linierpinel
Diese Schlepper oder Strichzieher sind für einen dünnen, gleichmäßigen Farbfluß auf einer langen Linie gedacht. Nehmen Sie für dünnflüssige Farben Marderhaar oder Polyester und für dickere Farben Schweineborsten und Rindshaar.

Schwertschlepper und Marderhaarpinsel
Schwertschlepper gibt es in vielen Formen. Sie werden zum Linieren, Marmorieren und für Details verwendet und eignen sich am besten für dünne Farben. Ein Marderhaar-Künstlerpinsel reicht jedoch aus, wenn Sie die Anschaffungskosten für einen Schwertschlepper scheuen.

Runde Borstenpinsel

Bei dieser vielseitigsten Borstenpinselart sind die Borsten besonders dicht, um große Farbmengen aufzunehmen. Das ergibt wundervolle Streichpinsel. Alternativ verwendbar sind Künstlerpinsel mit runden Enden, die einen ähnlich satten Strich erzielen. In manchen Ländern werden runde Borstenpinsel als kleine Maler- und Lackierpinsel benützt (siehe S. 122–123).

Billiger runder Borstenpinsel

Borstenförmiger Künstlerpinsel

Mittelgroßer runder Borstenpinsel

Großer runder Borstenpinsel

Flacher flexibler Borsten-Künstlerpinsel

Flacher, 1 cm breiter Schräg-Strichzieher

Flacher, 2,5 cm breiter Schräg-Strichzieher

Flacher Künstlerpinsel

Kleiner Künstlerpinsel

Flache Borstenpinsel

Bei diesem Pinsel sind die Borsten am vorderen Ende dicht, flach und kantig geformt. Sie sind für saubere, exakte Zeichen gedacht. Künstlerpinsel der gleichen Form erfüllen jedoch dieselbe Aufgabe. Preiswerte Malerborstenpinsel haben abgeschrägte Borstenkanten, weshalb sie seitlich eingesetzt und daher für Linierungen und Bemalen kleiner Vertiefungen an Zierleisten oder geschnitztem Mobiliar benützt werden können.

Pinsel zum Firnissen und Vertreiben

Vertreiber werden sanft über die nasse Farbe oder Lasur gezogen, um Pinselspuren zu verwischen und Oberflächen zu glätten. Der Dachshaarvertreiber ist der beste, und er hat auch seinen Preis. An zweiter Stelle kommt der Chinaborstenvertreiber, der preiswerter ist.

Alternativen

Der Abstaubpinsel ist eine exzellente, billige Alternative zu Dachshaar- und Chinaborstenvertreiber. Aus langen, weichen Schweineborsten gefertigt und mit Harz verkittet, ist er zum Glätten frischer Farbe gedacht und gibt auch einen guten Vertreiber ab (weitere Verwendungsarten siehe S. 129).

Da Sie mit unbrauchbaren Pinseln nur Enttäuschungen erleben, ist die Investition in hochwertige Firnispinsel, die Sie sorgfältig behandeln müssen, unbedingt lohnend.

Auswahl des Firnispinsels

Es gibt viele verschiedene Arten. Zu den Firnispinseln gehört auch der unten gezeigte, konisch-ziselierte Pinsel, der jeweils nur wenig Firnis abgibt und für eine glatte, gleichmäßige Schicht sorgt. Anfänger bevorzugen manchmal einen leichteren Pinsel wie einen langstieligen Chinaborstenpinsel oder einen Firnispinsel wie in der unten gezeigten Abbildung. Testen Sie so viele wie möglich, um den passenden Pinsel zu finden.

Spitzer Pinsel zum Auftragen von Schellack

Firnispinsel
Zum Firnissen eignen sich viele verschiedene Pinselarten einschließlich des Chinaborstenpinsels, der gern zum Malen verwendet wird. Die unten abgebildeten Firnispinsel sind dünne, leichte Pinsel zum Auftragen von dünnem Firnis, der viel ausgestrichen werden muß. Langstielige Pinsel mit einem fülligen Borstenkopf wie Chinaborsten- und feine Schweineborstenpinsel sind für zähflüssigeren Firnis, der auf der Oberfläche eher verfließen als ausgestrichen werden muß. Firnispinsel sollten nie für Farbe verwendet werden, da sich feinste Spuren getrockneter Farbe auf Ihre tadellos gefirnißte Oberfläche vorarbeiten können. Säubern Sie den Firnispinsel direkt nach Gebrauch, und lagern Sie ihn nicht neben den Malpinseln.

Schmaler Firnispinsel

Großer Firnispinsel

Ziselierte Spitzen eines Chinaborstenpinsels

Weicher Schweineborstenpinsel

Schellackpinsel
Nehmen Sie zum Auftragen einer Schellackschicht (im Gegensatz zur Schellack-Lackierung, siehe S. 163) einen spitzen Pinsel, den Sie nur für diesen Zweck benützen.

Zwinge und Borsten eines Malerpinsels

Abstaubpinsel als Vertreiber

Dachshaarvertreiber

Dieser Pinsel, der feinste aller Vertreiber, ist schon ein Mythos, zum Teil aufgrund seines Preises, der das Acht- bis Zehnfache eines Malerpinsels von ähnlicher Größe beträgt. Er wird aus den besten Dachshaaren hergestellt und in Harz- oder Gummiverkittung gesetzt. Allein mit den Haarspitzen wird der Oberflächenauftrag sehr behutsam zu einer makellosen Schicht geglättet. Wie viele andere auch, benutze ich jedoch einen Abstaubpinsel bzw. Vertreiber aus Chinaborsten; sie sind preiswerter und führen ebenfalls zu guten Resultaten.

Dachshaarvertreiber

Pinsel zum Vertreiben

Ein Abstaubpinsel (auch als Pfostenabstauber bekannt) oder der vordere Teil eines dicken Malerpinsels können gut als Vertreiber für Öllasuren und wäßrige Emulsionsanstriche verwendet werden. Achten Sie darauf, während des Arbeitens überschüssige Farbe von den Borsten abzustreifen und daß die Harzverkittung nicht mit Lösungsmitteln in Berührung kommt, da sie sonst gelöst wird.

Kleine Vertreiber

Dachshaarpinsel gibt es in vielen Formen und zu unterschiedlichen Preisen, die je nach Größe variieren. Kleine Dachshaarpinsel sind geeignet zum Glätten von Farben und Lasuren auf Möbeln und Zubehör. Der Dachshaar-Fächerpinsel ist für kleine Flächen und Zierleisten gedacht, und mit dem Dachshaar-Stiftpinsel kann man die sich in den Ecken von Rahmen und Möbel-Paneelleisten häufig ansammelnde Farbe entfernen. Anstelle von Dachshaarpinseln können andere Vertreiber wie feine Künstlerfächerpinsel, Kamelhaarvertreiber, Eichhörnchen-Haarpinsel und sogar Make-up-Pinsel benützt werden.

Dachshaar-Fächerpinsel

Dachshaar-Stiftpinsel

Kamelhaarvertreiber

Kleiner Künstlerfächerpinsel

Make-up-Pinsel

Spezialpinsel und Maserierer

Durch den Aufschwung der dekorativen Maltechniken in der viktorianischen Zeit und die einzigartigen Demonstrationen neuartiger Maserungs- und Marmoriertechniken im Rahmen der Weltausstellungen in London und Paris kam es erstmals zur organisierten Produktion von Spezialwerkzeugen.
Bis dahin lief alles auf eine eher abstrakte Oberflächengestaltung hinaus, die von den Künstlern mit dem, was gerade zur Hand war, oder mit selbstgemachten Werkzeugen ausgeführt wurde. Obwohl das Angebot an Pinseln und Spezialwerkzeugen heute größer ist denn je, stellen viele davon lediglich Wiederholungen oder Varianten dar.
Was Sie an Spezialwerkzeugen für die in diesem Buch vorgestellten Techniken wirklich brauchen, sehen Sie hier. Manches ist teuer, aber wenn irgend möglich habe ich preiswertere Alternativen genannt, die ähnliche Erfolge versprechen.

Maserungsrolle für Eichenholzeffekt

Maserungsrolle
Zur Imitierung einer Eichenmaserung werden die Stahlplättchen der Maserungsrolle mit Farbe überstrichen, während sie über eine geglättete Oberfläche geführt wird.

Stupfbürste und Feder
Mit Stupfbürsten werden feinste Tupfer von Lasur weggenommen. Die große Stupfbürste (unten links) hat lange, fein-gespaltene Borstenspitzen und hinterläßt eine feingesprenkelte Oberfläche. Durch verstärkten Druck wird auch das Muster verstärkt. Wenn Sie sich keine Stupfbürste anschaffen wollen, nehmen Sie statt dessen einen Malerpinsel aus Chinaborsten. Die Feder wurde zuvor in Lösungsmittel getaucht und dann für eine typische Marmorzeichnung verwendet.

Vergolderwerkzeuge (rechts)
Dem Wert und der Zartheit des Blattgolds entsprechend, sind nur feinste Kamelhaarpinsel zu benutzen. Mit einem Anschießer wird das Goldblättchen aufgenommen, mit einem Kamelhaar-Vergolderpinsel (der fettfrei sein muß) Goldpulver aufgestäubt.

Schablonierpinsel
Die steifen, kurzen, fest gebundenen Borsten sind gut für rasche, tupfende Bewegungen geeignet.

Kamelhaar-Vergolderpinsel

Große Stupfbürste und Feder

Großer Schablonierpinsel

Schablonierpinsel (ehemaliger Borstenpinsel)

Kleiner Schablonierpinsel

Anschießer

China-borsten-Fächer-pinsel zur Auf-maserung

Synthe-tischer Fächer-pinsel zur Auf-maserung

Schlagpinsel aus Roßhaar, durch Lasur gezogen und geklopft

Abstaubpinsel, hier zur Maserung verwendet

Maserungs-pinsel mit seinen Spuren

Zacken-pinsel

Schlag-, Abstaub- und Maserungspinsel (oben)

Bei der Erzeugung realistischer Holzmaserungseffekte spielt jeder dieser Pinsel eine eigene Rolle. Schlag- und Abstaubpinsel haben aber noch andere Aufgaben. Mit dem Schlagpinsel kann eine Lasur geklatscht, gezogen, geklopft und sogar gestupft werden, was zu unterschiedlichen Holzmaserungen führt. Er bewährt sich auch bei der Pinselzugtechnik. Der stets nützliche Abstaubpinsel – die exzellente und preiswerte Alternative als Vertreiber, Sprenkler und Stupfer – kann für Holzmaserungseffekte einfach durch die Lasur gezogen werden. Maserungspinsel erzeugen eine Holztextur, die mit einem Abstaub- oder Fächerpinsel nachgeglättet werden kann. Zackenpinsel dienen dem Hinzufügen breiter Faserstreifen.

Maserierer und Kämme

Sie werden für einen authentisch wirkenden Maserungseffekt, aber auch für abstrakte und Fantasiemuster verwendet. Wie von Zauberhand schafft ein Gummimaserierer die für Kiefernholz typischen Kernmaserungswirbel (rechts). Die Wirkung ist besonders überzeugend, wenn das Muster geklopft, gezogen und geglättet wird. Mit einem Stahl- oder Gummikamm lassen sich mühelos Fantasiemaserungen und abstrakte Muster herstellen.

Gummimaserierer mit Kiefernholzeffekt

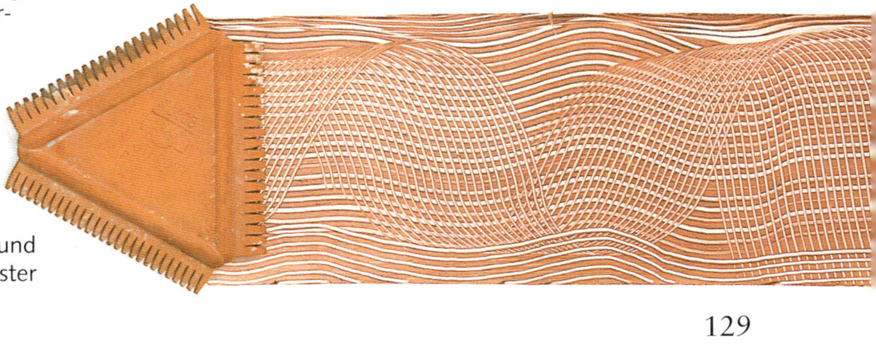

Gummikamm und abstraktes Muster

Schablonen

Obwohl kein Mangel an vorgefertigten Schablonen herrscht, sind selbstgemachte Schablonen nicht nur origineller, sondern entsprechen außerdem dem jeweils erforderlichen Maß. Diese Idee zu dem Fleurs-de-lis-Design entstammt einem Buch über mittelalterliche Ornamentik. Die frische Spontaneität (siehe die Wand in der französischen Küche, S. 112) wird von massengefertigten Designs meist nicht erreicht.

Schablone aus Manilapapier

Schablone und Maskenmuster

Die obige Schablone hat eine interessante Form; ihre Konturen sind jedoch so einfach, daß sie auch als Maske dienen kann (unten).

Freihanddesigns auf Transparentpapier

Buch über mittelalterliche Ornamentik

Muster übertragen

Die freihändige Übertragung eines Designs aus einem Buch über mittelalterliche Ornamentik (links) ist auf dem Transparentpapier zu sehen (oben; zur besseren Sichtbarkeit wurde die auszuschneidende Fläche ausgefüllt). Mit einem Fotokopierer, der vergrößert und verkleinert, kann das Design im Maßstab verändert und vervielfältigt werden.

Schablonenmuster durch Umsprühen einer Maske mit Farbspray

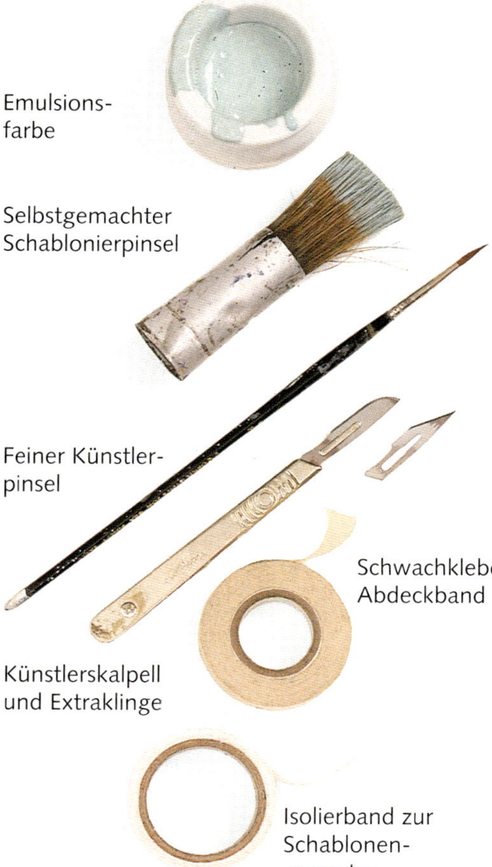

Emulsionsfarbe

Selbstgemachter Schablonierpinsel

Feiner Künstlerpinsel

Schwachklebendes Abdeckband

Künstlerskalpell und Extraklinge

Isolierband zur Schablonenreparatur

Handwerkszeuge
Die sauberste Art zu schablonieren besteht im altbewährten Stupfen mit wasserlöslichen Farben wie Emulsion. Nehmen Sie einen steifen Maler- oder Schablonierpinsel (Eigenfertigung durch Kürzen der Borsten eines alten Borstenpinsels zu Stoppeln). Benutzen Sie ein Künstlerskalpell oder Cuttingmesser zum Ausschneiden der Schablone, und kleben Sie sie mit Abdeckband an die Wand.

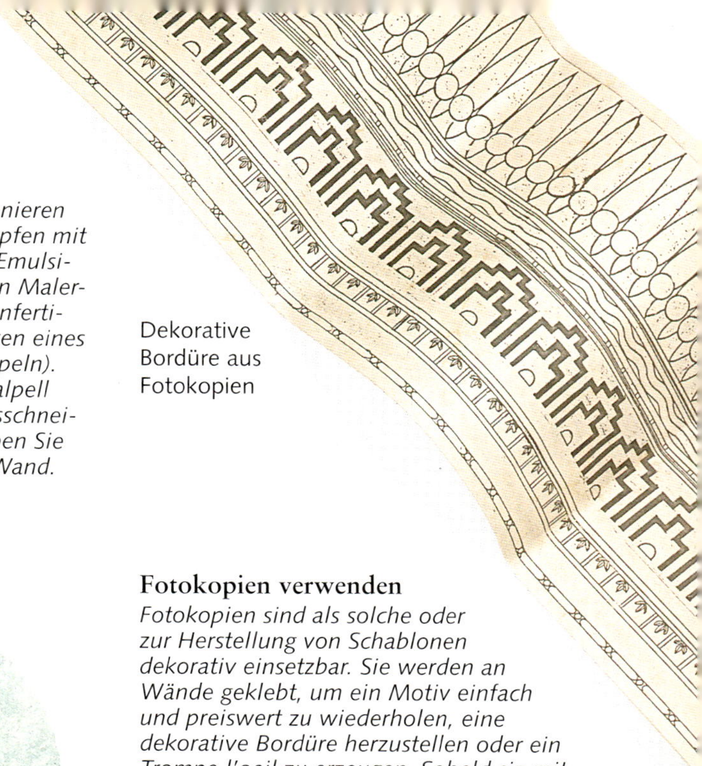

Dekorative Bordüre aus Fotokopien

Fotokopien verwenden
Fotokopien sind als solche oder zur Herstellung von Schablonen dekorativ einsetzbar. Sie werden an Wände geklebt, um ein Motiv einfach und preiswert zu wiederholen, eine dekorative Bordüre herzustellen oder ein Trompe l'oeil zu erzeugen. Sobald sie mit verdünntem PVA versiegelt sind, können Fotokopien farbgetüncht, getönt oder lasiert werden.

Konturiertes Schablonenmuster
Das Konturieren einer schablonierten Form mit einem feinen Künstlerpinsel oder einem langhaarigen Linierpinsel läßt selbst das einfachste Design wie eine zarte Handmalerei wirken (siehe S. 112–113).

Gummistempel
Mit einem Gummistempel lassen sich beliebig verschlungene Muster wiederholen, die jahrelang halten, wenn wasserlösliche Farben verwendet wurden. Die meisten Stempelläden fertigen von einem Schwarzweiß-Design einen Stempel an.

Gestupftes Schablonenbild mit Freihandkonturierung

Fleur-de-lis-Schablone aus Manilapapier

Gummistempel

Schablonenpapier
Wasserlösliche Farben wellen die Ecken von Manilapapier. Eine beidseitige Beschichtung mit Sprayfarbe verhindert das. Lagern Sie die Schablonen flach, und reparieren Sie Einrisse mit Abdeck- oder Isolierband.

Spachtel, Löffel und anderes

Kein Raumgestalter sollte ohne eine Reihe »diverser Utensilien« sein: ein nützliches Sammelsurium, zusammengesetzt aus Dingen aus dem Werkzeugkasten und vor allem aus Küchengeräten, die mich zum meinen vielen Farbenmischanweisungen (Rezepte) anregen.

Einfallsreiche Verwendung

Beim Ausprobieren neuer Techniken werden Sie alte Pinsel, Werkzeuge und anderes in kreativer Weise einsetzen. Ein kleines Stück Bilderleiste zum Beispiel ist hilfreich beim Malen gerader Linien. Die sich über die Oberfläche der Leiste erhebende Fugenverbindung dient als Richtscheit, an das die Zwinge eines Linierpinsels angelegt wird, um ohne jedes Verschmieren eine gerade, saubere Farblinie zu malen. Fensterschaber haben Klingen und können zum Abkratzen der Farbschicht auf Glas oder anderen Oberflächen verwendet werden. Sie haben einen Distanzversteller, der es erlaubt, den nötigen Farbrand auf Glas beim Anstreichen von Fensterrahmen stehenzulassen.
Ein anderes nützliches kleines Gerät, das ich für verschiedene Techniken entdeckte, ist ein kleines rundes Drahtsieb, wie es für den Aufguß von Kräutertee verwendet wird. Es läßt sich mit einem Griff öffnen und mit Pulver aus Holzkohle, Schlämmkreide oder Fullererde zum Überstäuben von Oberflächen füllen.

Steife Scheuerbürste

Drahtbürste

Abdeckband

Haushaltsbürsten und Abdeckband
Halten Sie eine Scheuer- und Drahtbürste zur Pinselreinigung bereit und Abdeckband beim Malen von Streifen und anderen Formen.

Tapetenspachtel

Bilderleiste

Großspachtel

Fensterschaber

Kleiner Spachtel zum Mischen von Pasten

Spachtel zum Reinigen von Oberflächen

Spachtel
Spachtel sind unerläßlich zum Mischen von Spachtelmasse und kleinen Gipsmengen, zum Herstellen von Pasten, Abtragen trockener Farboberflächen, Reinigen von Oberflächen und zum Ablösen von Tapeten. Es gibt sie in verschiedenen Größen vom kleinen Fensterschaber bis zum Großspachtel, dessen riesiges Leichtmetallblatt auch als Schutzmaske beim Bemalen von Zierleisten und rechten Winkeln benützt werden kann.

Verschiedene Werkzeuge
Alle diese Geräte werden immer wieder beim Mischen und Auftragen von Farbe und Lösungsmitteln verwendet. Das Teesieb wird zum Aufstäuben von Pulvern genommen, der Schraubenzieher zum Öffnen von Farbdosen, und alte Küchenmesser dienen zum Mischen von Farbpulvern in kleinen Mengen oder für feine Füllmassen. Der Küchentropfenzähler hat eine seitliche Meßskala und kann zum Tropfen von Lösungsmitteln auf bemalte Oberflächen benützt werden. Der Schneebesen wird zum Vermischen von Farben und der Schöpflöffel sowie Löffel zum Abmessen von Flüssigkeiten und Pulvern verwendet.

Anderes Zubehör
Schwämme und fusselfreie Baumwollappen werden zum Tupfen, Texturieren und zum Verklecksen von Farbe gebraucht. Naturschwämme haben eine wundervoll natürliche Strukturierung, die sich jedoch in etwa auch durch Aufreißen eines Autoschwamms imitieren läßt. Zum Säubern nehmen Sie Lappen oder Trikotgewebe und für Vorbereitungs- und Abschlußarbeiten einen Schleifklotz und Schleifpapier verschiedener Körnung bis zu mehlfein und Stahlwolle unterschiedlicher Stärke bis zur dünnsten Qualität.

Pinselpflege

Pinselpflege zahlt sich aus, da Ihnen ein guter, gepflegter Pinsel bis zu 15, ja 20 Jahre erhalten bleibt.

Vorbehandlung neuer Pinsel

Alle neuen Pinsel – gute und schlechte – haben einige lose Borsten, die vor Gebrauch entfernt werden sollten. Dazu klopfen Sie die Zwinge (die Metallfassung am Pinselstiel) fest gegen eine Tischkante, bzw. reiben Sie den Pinsel rasch zwischen Ihren Handinnenflächen – die Borsten lösen sich dann heraus (und das entstaubt ihn gleichzeitig).

Wenn das nicht ausreicht, können Sie den traditionellen Malertrick anwenden und neue Pinsel einarbeiten. Das heißt, der Pinsel wird eine Weile für Außenarbeiten genommen, bis sich keine Borsten mehr lösen. Bis dahin werden sich die Borstenspitzen zu einem konisch zulaufenden Pinselkopf geformt haben – die Standardform für gute Malerschlußarbeiten.

Säubern und Aufbewahren

Idealerweise sollten alle Pinsel nach Gebrauch gründlich noch am selben Tag gereinigt, getrocknet und aufbewahrt werden. Es passiert allzu leicht, einen Pinsel in einem Gefäß mit Pinselreiniger wochenlang stehen zu lassen, bis das Lösungsmittel verdunstet und der Pinsel eines Tages mit steifen, gebogenen Borsten in einem Satz grauer Rückstände am Boden des Gefäßes steckt. Die Anschaffung teurer Pinsel setzt unbedingt voraus, daß Sie ihnen niemals diese Behandlung zumuten werden!

Lagern Sie alle Pinsel in einer sauberen, trockenen Umgebung, am besten in einem Schrank, wo sie vor Staub geschützt sind. Er sollte aber gut durchlüftet sein, damit sich kein Schimmel bilden kann.

Wenn Sie die Pinsel länger als eine Woche aufheben wollen, wickeln Sie sie in Zeitungspapier, das von einem Gummiband zusammengehalten wird. Das hält die Pinsel in Form.

Zur langfristigen Lagerung eines großen Pinsels bohren Sie ein Loch in den Stiel, um ihn an einem Haken aufzuhängen. Kleine Pinsel können umgedreht in einem Gefäß aufbewahrt werden.

Ein Pinsel mit Farbe kann etwa eine Stunde so verbleiben, vorausgesetzt er wird in einen feuchten Lappen (Wasser bei wasserlöslichen Farben und Terpentin bei Farben auf Ölbasis) oder Metallfolie gewickelt. So ist er luftdicht abgeschlossen, und die Farbe kann nicht trocknen.

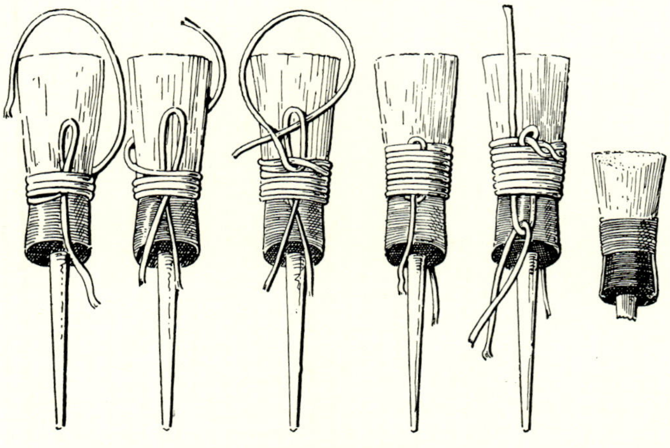

Einen Ziselierkopf herstellen *Früher umwickelten die Maler ihre neuen runden Pinsel mit einer Schnur, wobei sie sorgfältig die Borsten einarbeiteten und so einen Ziselierkopf herstellten.*

Pinsel reinigen

Beginnen Sie immer damit, den Pinsel für einige Minuten in ein Lösungsmittel (siehe Tabelle S. 152–155 für das richtige Mittel) zu hängen. Bearbeiten Sie ihn darin, bis er sauber aussieht, und waschen Sie ihn dann mit warmem Wasser und Seife. Keine Waschmittel verwenden, da diese zu scharf sein könnten. Den Pinsel gut in sauberem Wasser ausspülen. Pinsel am besten nicht über Nacht in Terpentin hängen lassen, da es die Borsten hart macht. Sind sie in Wasser eingeweicht, darf das Wasser den Stiel nicht bedecken, da er sonst aufquellen und reißen kann. Wenn Ihre Pinsel wochenlang im Lösungsmittel gestanden haben und irreparabel aussehen, versuchen Sie es mit einem im Handel erhältlichen Pinselreiniger.

Einen Malerpinsel schrubben
Das ist die ideale Methode bei angetrockneter Emulsionsfarbe.

Eine Drahtbürste verwenden
Bei total verhärteten Farben hilft nur noch die Drahtbürste.

Lösungsmittel verwenden
Wasserlösliche Farben wie Emulsion sind so schnelltrocknend, daß sie – gleichgültig wie zügig Sie arbeiten – am Pinsel trocknen. Zur Reinigung wird der Pinsel in Brennspiritus getaucht und mit den Fingern in die Borsten eingearbeitet. Pinsel für Farben auf Ölbasis wie Eierschalenfarbe müssen mit Terpentin gereinigt werden.

Seife verwenden
Mit Brennspiritus oder Terpentin gereinigte Pinsel sollten mit warmem Wasser und einfacher, unparfümierter Seife gewaschen werden. Die Seife gut bis zur Zwinge in die Borsten einarbeiten und dann unter fließendem Wasser öfter ausspülen, bis es klar bleibt.

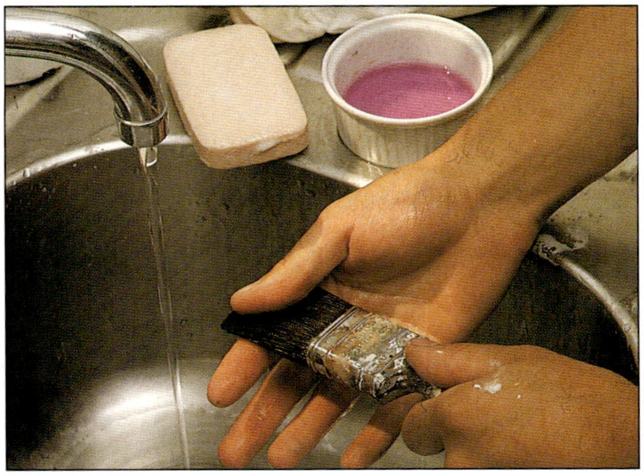

Pinsel in Form bringen
So viel Wasser wie möglich aus dem Pinsel schnellen, damit er rasch trocknet. Kämmen Sie dann den feuchten Pinsel mit einer Scheuerbürste, und formen Sie ihn zwischen Ihren Fingern.

Große Pinsel waschen
Eine andere Möglichkeit der Reinigung großer Pinsel ist, sie in einem Wassereimer kräftig durchzuschlagen. Das Wasser zirkuliert so stark durch die Borsten und sollte öfter gewechselt werden.

PINSEL LAGERN

Maler haben früher viele Utensilien benützt, um Pinsel in Wasser oder Lösungsmitteln aufzuhängen. Heute gibt es dafür moderne Varianten. Das Aufhängen von Pinseln ist eine alte Aufbewahrungsmethode.

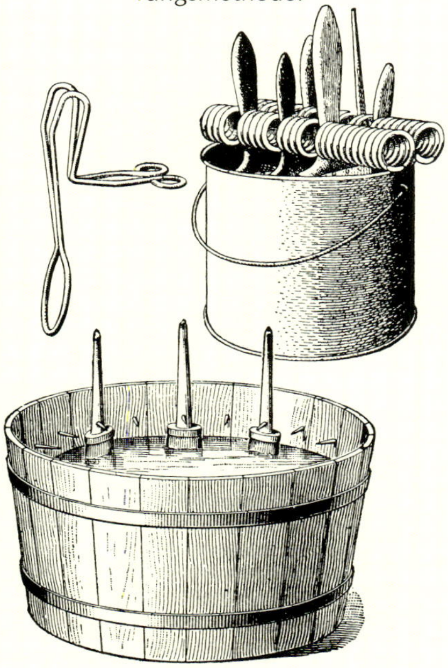

Alte Methoden *Eine Erfindung zum Aufbewahren von Pinseln war die Federaufhängung, eine andere Spezialhaken. Eine einfachere Lösung: Nägel in einen Holzbottich schlagen.*

Belüftung *Malerpinsel lassen sich am besten in einem durchlüfteten Schrank aufbewahren, so daß die Luft zwischen ihnen zirkulieren kann. Die Pinsel werden so ihre Form besser halten, als wenn sie liegend aufgehoben werden.*

Pigmente und selbst hergestellte Farben

Die Gestaltung von Innenräumen hat eine lange Geschichte. Vor mehr als 6000 Jahren bemalten die Bewohner von Jericho die untere Hälfte ihrer Wände mit einem roten Pigment, dem Eisenoxid, das mit einem Bindemittel – einfachem Leim – gemischt war. Die heute gebrauchsfertigen, aber auch selbst hergestellten Farben unterscheiden sich davon kaum: Pigmente (konzentrierte natürliche oder synthetische Farbkörper) werden mit einem an der Luft trocknenden Bindemittel gemischt.

Farbe selbst herstellen

Selbst hergestellte Farben haben gute Verarbeitungseigenschaften und ergeben schöne Oberflächen. Die Bestandteile sind preiswert, und die gewünschte Farbe kann genau getroffen werden. Pigmente sind als Farbpulver im Handel erhältlich und in Künstlerölfarben enthalten. Farbpulver lassen sich mit einer Reihe von Leimen – einschließlich PVA und Knochenleim – zu einer Paste verarbeiten, die der vor 6000 Jahren hergestellten Farbe stark ähnelt. Künstlerölfarben und Universalabtönpasten können mit transparenter Öllasur zu einer durchscheinenden Lasur gemischt werden, die für viele dekorative Abschlußarten geeignet ist.

Man muß sich daran erinnern, daß einige Pigmente eine weit größere Färbekraft haben (Farbstärke, wenn verdünnt oder gemischt) als andere, und daß manche durch den Materialkontakt verblassen. Die Tabelle auf Seite 148 bis 151 gibt darüber detailliert Auskunft.

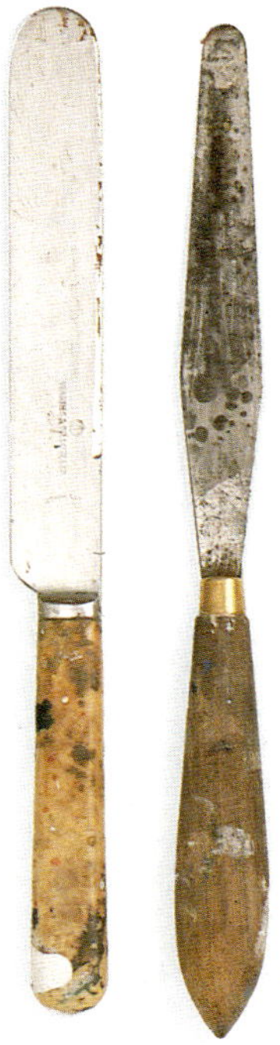

Küchenmesser

Palettenmesser

Werkzeuge zum Mischen
Alte Küchen- und Palettenmesser sind zum Farbenmischen ideal. Sieben Sie die Farbpulver vor Gebrauch durch ein Küchensieb.

Transparente Öllasur
Eines der nützlichsten Dekorationsmittel ist eine Erfindung des 19. Jahrhunderts, die sogenannte transparente Öllasur, die Sie fertig kaufen oder selbst machen können (siehe S. 156). Mit ihr werden Künstlerölfarben oder Universalabtönpasten gemischt, um ein Malmittel von einzigartiger Qualität herzustellen.

Mischen Sie große Mengen von Lasur und Farbe mit einem Löffel.

Öllasur wird mit Terpentin oder Testbenzin verdünnt.

Künstlerölfarbe

Transparente Öllasur sieht in der Dose opak aus und ist von cremiger Konsistenz.

Lasuren verschiedener Stärke werden durch Änderung des Mischungsverhältnisses von Farbe und Lasur erzielt.

Hasenleim kann zur Farbenherstellung verwendet werden und ist Bestandteil von Gesso.

Abgekühlter Knochenleim ist ein klares Gelee.

Knochenleim (auch Perlleim genannt) wird eingeweicht und dann erhitzt.

PVA kann mit Farbpulver zu Farbe gemischt werden.

Einfache wasserlösliche Farben

Die oben genannten Stoffe sind Leimarten und können mit Wasser und Farbpulvern zu äußerst preiswerten Farben vermischt werden, die sich sehr gut zum Farbtünchen und für Spezialeffekte wie Grisaille (siehe S. 118–119) eignen. Um eine wie im Theater verwendete, traditionelle Leimfarbe herzustellen, nehmen Sie Tiergelatine wie Knochen- oder Hasenleim. Diese sind in speziellen Fachgeschäften erhältlich und müssen vor Zugabe der Farbpulver mit Wasser verdünnt und im Wasserbad bis zur Durchsichtigkeit (oben rechts) erhitzt werden. Sie können jedoch auch nach Rezept (siehe S. 157) vorgehen und Farbe aus Farbpulver und PVA, einem modernen, wasserlöslichen Leim, herstellen.

Terra di Siena natur ist ein Gelbbraun.

Terra di Siena gebrannt, ein intensives Terrakottarot, entsteht durch Brennen von Terra di Siena natur.

Ockergelb, ein intensives Senfgelb, wird bei Verdünnung zu einem hellen sonnigen Gelb.

Ockerrot wird auch Eisenoxidrot genannt.

Erdfarben

Erdfarbenpigmente, in Pulverform (links) oder als Künstlerölfarben, sind die ältesten Pigmente. Sie werden Erdfarben genannt, weil sie aus der Erde stammen und ihr Name oft ihre Herkunft andeutet. Die Umbrafarben beispielsweise kommen aus Umbrien in Italien, wie etwa grüne Erde (terra verde). Ihr natürlicher Zauber macht sie unschätzbar zum Anfärben, Mattieren und Antikisieren.

Umbra natur ist ein exzellentes Braun für den Antikeffekt (siehe S. 68).

Umbra gebrannt ist satter und schokoladenfarbener als Umbra natur.

Fertigfarben

Das Spektrum der auf dem Markt angebotenen Farben mag auf den ersten Blick verwirrend erscheinen, aber wenn Sie wissen, welches Lösungsmittel welche Farbe verdünnt, werden Sie die Hauptkategorien unterscheiden können. Durch das Bindemittel, das die Farbe zusammenhält, wird bestimmt, welches Lösungsmittel zum Verdünnen der Farbe und zum Reinigen der Pinsel geeignet ist. Einige Farben wie Eierschalenfarbe und Firnis sind auf Ölbasis und in Testbenzin löslich, während andere wie Emulsion wasserlöslich sind.
In der Regel können Farben mit demselben Bindemittel gemischt werden. Sie können also Emulsionsfarbe mit einer anderen wasserlöslichen Farbe wie Künstleracrylfarbe mischen. Ein Blick auf die Information seitlich des Farbbehälters verrät Ihnen, um welche Farbe es sich handelt. Schlagen Sie dann in der Tabelle (siehe S. 152–155) mit den Eigenschaften der Handelsfarben nach.

Tinten auf Wasserbasis gibt es als Schreibtinte, Künstlertinte oder konzentrierte Wasserfarben.

Sprayfarben

Diese zähen, schnelltrocknenden Farben (oft zum Überarbeiten von Autokarosserien) sind günstig zum Färben kleiner Stellen und zum Schablonieren. Verschiedene Farben können übereinander gespritzt werden und so feine Farbmischungen ergeben. Kaufen Sie FCKW-freie Sprays, und benutzen Sie diese in gut gelüfteten Bereichen!

Spritzlack

Schattierung von Sprayfarben

Gouache und Acrylfarben können mit wasserlöslicher Tinte vermischt werden.

Tinte (oben)

Tinten auf Wasserbasis sind eine Bereicherung des Malerrepertoires. Sie können zum Sprenkeln für Antikeffekt (siehe S. 66) oder anstelle von Farbpulver (zum Mischen mit PVA) für eine schnelltrocknende transparente Lasur verwendet werden. Tusche hat das tiefste Schwarz, auch wenn sie verdünnt ist, und ergibt eine wasserfeste Oberfläche.

Grundiermittel

Die meisten blanken Oberflächen brauchen zur Vorbereitung eine Grundierschicht, damit die folgenden Farbschichten haften (siehe S. 30–43).

Tubenfarben

Acrylfarben und Gouache sind wasserlösliche Künstlerfarben. Gouache ist dichter und hat weniger intensive Farbtöne als Acrylfarben. Beide können zum Tönen wasserlöslicher Farben verwendet werden.

Zinkgrundierer (links) für Aluminium

Rote Oxidgrundierung (links außen) für Stahl

Dicke, flexible Acrylgrundierung für Leinwände

Wasserlösliche Gouache in Tuben

Künstleracrylfarben auf Wasserbasis

Spezialfarben

Es gibt eine Reihe spezieller Farben auf dem Markt; diese hier ergibt einen gebrochenen Effekt wie der von gehämmertem Metall.

Hammerschlag-Emailfarbe

Glanzlack: Anstrich auf Ölbasis

Haushaltsemailfarbe

Modellierer-Emailfarbe

Öl- oder Alkydfarben

Anstriche wie Glanzlack und Eierschalenfarbe, für gewöhnlich vage als auf Ölbasis beschrieben, sind heute meist mit synthetischem Alkydharz gebunden. Sie können mit Universalabtönpaste oder mit Künstlerölfarben angefärbt werden.

In Firnis gemischte grüne Ölfarbe

Eierschalenfarbe

Diese Farbe auf Ölbasis ergibt eine ziemlich »flache« Oberfläche, die ideale Grundlage für Öllasuren. Sie trocknet langsam und erfordert einen gleichmäßigen und sorgfältigen Auftrag.

Eierschalenfarbe: eine Farbe auf Ölbasis

Farbmusterkarten von Farbenherstellern

Farbabschlüsse

Beachten Sie die unterschiedlich reflektierenden Eigenschaften der verschiedenen Farbsorten auf dem Teller (oben).

Künstlerölfarben

Die Zusammensetzung von Künstlerölfarben – Pigmente und Leinöl – hat sich seit dem 15. Jahrhundert kaum geändert. Sie können wie Universalabtönpasten zum Tönen für Farben auf Ölbasis, Öllasuren, Firnisse verwendet werden.

Plakatfarben

Plakatfarben sind wasserlöslich. Sie eignen sich für Freihandmalerei und zum Tönen von anderen wasserlöslichen Farben.

Plakatfarben

Künstleröl-farben

Universalabtönpaste, allgemein erhältliches, chemisches Färbemittel

Emulsionsfarbe

Diese feste, wasserlösliche Farbe kann als Wand-, Boden- und Möbelanstrich verwendet werden. Sie kann mit Universalabtönpaste getönt werden.

Emulsion: eine wasserlösliche Farbe

Firnisse, Lacke und Lasuren

Anstrichstoffe werden nach ihrem Hauptbestandteil und Lösungsmittel unterteilt. Die hier dargestellten Gruppen von Anstrichstoffen sind: auf Ölbasis (terpentinlöslich), auf Wasserbasis (wasserlöslich) und Alkoholbasis (lösen sich in Brennspiritus = vergällter bzw. denaturierter Alkohol). Jede Art von Anstrichstoff innerhalb dieser Gruppen hat unterschiedliche Eigenschaften und Fähigkeiten und dementsprechend anderen dekorativen und praktischen Wert (Zusammenfassung siehe Tabelle S. 152–155).

Die konventionelle Rolle der meisten Haushaltsanstriche ist die einer Schutzschicht auf blanken oder gestrichenen Oberflächen. Doch können sie und andere auch für dekorative Zwecke in Form durchscheinender Farbschichten genutzt werden.

Einige Speziallacke, wie beispielsweise französischer Emaillack, gibt es bereits fertig getönt. Die meisten Haushaltslacke sind es nicht, können aber mit Tubenfarben oder Farbpulver angefärbt werden (siehe Tabelle S. 152 bis 155).

Die Öllasur

Für eine wirklich glatte, durchscheinende Farbschicht benützt man am besten transparente Öllasur. Sie ist nicht so klebrig wie Lack und leichter zu einem makellosen Finish zu verarbeiten. Da sie beim Trocknen nicht ganz aushärtet, kann sie mit einer Schicht Klarlack versehen werden.

Reißlack: zwei Lacke in einem Set

Reißlack

Dieser wird in einem Set mit zwei Lacken verkauft, die gegeneinander wirken und damit eine fein gerissene, dekorative Oberfläche verursachen (siehe S. 66–67). Reißlack ist eine französische Erfindung des 18. Jahrhunderts, die die feinen Haarrisse (als Krakelee bekannt) auf asiatischen Lackarbeiten und Keramik imitiert.

Färben Sie Öllasur mit Künstlerölfarben oder Universalabtönpaste.

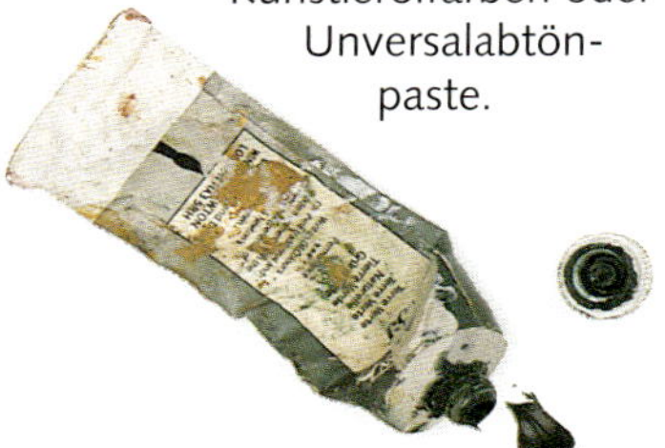

Transparente Öllasur

Dieses vielseitige Medium, das für gewöhnlich mit der Herstellung von Täuschungseffekten assoziiert wird, kann für einen einfachen, lackartigen Farbüberzug benützt werden. Öllasur hat gegenüber Lack den Vorteil, daß sie den Pinsel nicht verklebt und deshalb ganz gleichmäßig aufzutragen ist. Sie trocknet weich und kann mit einem härtenden Lack überzogen werden.

Öllack

Die traditionellen Öllacke bzw. Firnisse tauchen noch unter den Namen »Dekorfirnis« oder »Kopallack« auf. Ich ziehe sie den Polyurethanlacken vor, die, trotz ihrer Härte, gern gilben und beim Schleifen abblättern. Vergolderleim trocknet sehr schnell und ist unübertroffen zum Versiegeln von Goldfarbe und Metallpulver (siehe S. 100–101). Ich verwende ihn auch als Allzwecklack für kleine Bereiche. Lacke auf Ölbasis können mit Universalabtönpaste oder Künstlerölfarbe abgetönt werden.

Vergolderleim, mit Künstlerölfarbe getönt

Polyurethanlack

Transparente Öllasur

Öllasuren verschiedener Marken variieren im Farbton, aber alle trocknen transparent

Altmodischer »Dekorfirnis«

Schellack

Hergestellt aus der klebrigen braunen Harzausscheidung der Lacklaus, wird Schellack für verschiedene Techniken (siehe z. B. S. 68–69) verwendet. Wenn er mit Brennspiritus verdünnt ist, ergibt er einen schnell trocknenden Lack. Es gibt verschiedene Arten, vom braunen Standard-Schellack bis zum feinen (fine-grade) Orangen-Schellack. Gebleichter Schellack – als weißer Schellack im Handel – wird als französische Politur von hellem Holz genommen.

Brauner Standard-Schellack

Bernsteinfarbener französischer Emaillack

Feiner Orangen-Schellack (auch als Knopfpolitur bekannt)

Roter französischer Emaillack

Einlaßgrundiermittel

Weißer bzw. gebleichter Schellack

Französischer Emaillack

Französischen Emaillack gibt es im Spezialfachhandel. Er wird aus gebleichtem und chemisch gefärbtem Schellack hergestellt und in verschiedenen Farben angeboten. Er dient sowohl der Abtönung als auch der Lackierung von Holz. Manche Farben sind leuchtend und grob, erhalten aber durch die Verdünnung mit Brennspiritus feinere Schattierungen. Die erdigeren Farben wie Bernstein und Kastanienbraun sind mit die gefälligsten.

Einlaßgrundiermittel

Schellack ist der Hauptbestandteil des Einlaßgrundiermittels und dient der Versiegelung von blankem Holz vor der weiteren Behandlung.

Anstrichstoffe auf Wasserbasis (rechts)

In den letzten zehn Jahren wurden in Wasser dispergierbare Kunstharze wie Acryl und Vinyl vermehrt verwendet. Ich nehme für die meisten allgemeinen Anstriche PVA und die wasserfeste Verwandte EVA (beides Vinylanstriche). PVA und EVA sind preiswert, fast überall erhältlich und dienen der Versiegelung poröser Oberflächen wie Gips, als Schutzanstriche für Tapeten und Fotokopie-Découpage (siehe S. 116–117) sowie als Bindemittel für selbstgemachte Farben (siehe S. 157). Für kleine Bereiche verwende ich oft Künstleracryllack, der wasserfest und nicht gilbend ist.

PVA kann mit wasserlöslichen Farben getönt werden.

Wasserlösliche Tubenfarbe

PVA und EVA sind in flüssigem Zustand weiß, werden beim Trocknen jedoch klar.

Zwei Sorten von Künstleracryllack (unten und rechts)

Lösungsmittel

Lösungsmittel stehen meist im Zusammenhang mit Verdünnung von Farben und Lacken sowie dem Reinigen von Pinseln (siehe S. 152–155). Doch können sie auch auf bemalte oder lasierte Oberflächen gesprenkelt oder mit dem Schwamm aufgetupft werden und dadurch bizarre Muster verursachen.

Effekte mit Lösungsmitteln

Die hier vorgestellten Lösungsmittel sind Terpentin (Testbenzin kann alternativ verwendet werden), Brennspiritus, Wasser und Azeton. Manche Farb- und Lösungsmittelkombinationen ergeben gar keinen Effekt; wenn es aber zu Effekten kommt, ist die Wirkung oft sensationell. Sie eignen sich ideal für die Techniken der Marmorierung (siehe S. 92–93), der gescheuerten Kalktünche (siehe S. 52–53) und Goldpatinierung (siehe S. 104–105). Je dünner die Farb- oder Lasurschicht ist, auf die das Lösungsmittel aufgebracht wird, desto bemerkenswerter ist auch das Ergebnis.

Beim Sprenkeln mit Lösungsmitteln sind die Augen immer mit einer Schutzbrille zu bedecken (bei Aceton müssen auch die Hände geschützt werden)!

Aceton

Acetone sind eine Reihe komplexer Lösungsmittel, die mit Farben auf Ölbasis wie Firnis oder Eierschalenfarben reagieren. Sie sind gefährlich und müssen deshalb sorgfältig und in offenen Räumen angewendet werden. Wenn Aceton auf nasse Farbe gesprenkelt oder leicht mit dem Schwamm aufgetupft wird, kommt es sofort zu einer Reaktion. Auf trockener Farbe etwa 30 Minuten einwirken lassen, dann die Fläche mit einem sauberen Tuch abreiben, um entstandene Muster und abgenutzt wirkende Stellen freizulegen. Jedes verbleibende Lösungsmittel verdunstet, so daß nicht berührte Stellen weich gewordener Farbe wieder härten.

Ein scheckig wirkender Effekt (unten) durch Terpentin, das auf nasse (mit Farbe getönte) transparente Öllasur gesprenkelt wurde.

Terpentin, auf nasse Farbe auf Ölbasis gespritzt, zerfließt zu weichen, wolkigen Mustern (links).

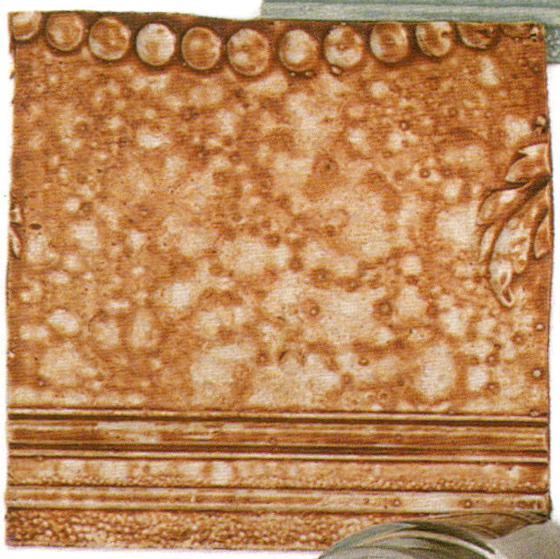

Aceton, auf trockene Farbe auf Ölbasis gespritzt, produziert Flecken und abgenutzt wirkende Stellen.

Terpentin und Testbenzin

Terpentin ist ein klares, aus Kiefernharz herausdestilliertes Lösungsmittel. Das etwas dünnflüssigere, wesentlich unangehmer riechende Testbenzin (auch Terpentin(öl)ersatz genannt) wird jedoch weit mehr benutzt, da es billiger ist. Beide reagieren auf nassen Farben auf Ölbasis und Öllasuren genau gleich, auf trockenen Oberflächen aber überhaupt nicht. Wenn sie auf verdünnten Farben auf Ölbasis (oben) angewendet werden, ergeben sie feine, weiche Muster, während auf Öllasur (links) ein fleckiger, äußerst fein detaillierter Effekt entsteht. Beide sind hochgiftig.

Terpentin (oben) hat dieselben Eigenschaften wie Testbenzin.

Beim Gebrauch von Lösungsmitteln immer die Augen und Hände schützen!

Wenn Brennspiritus auf trockene Emulsionsfarbe gespritzt und dann abgerieben wird, ergibt sich eine scheckige Oberfläche (rechts).

Brennspiritus kann auf nassen oder trockenen französischen Emaillack gesprenkelt werden (unten).

Wirkung von Brennspiritus auf einer Schicht nasser, verdünnter Emulsionsfarbe (unten).

Brennspiritus

Brennspiritus ist Äthylalkohol und durch den Zusatz von Naphtha und Methylviolett »denaturiert« und ungenießbar. Nehmen Sie ihn hauptsächlich zur Verdünnung von Schellack oder französischem Emaillack (siehe S. 140–141). Sie können ihn auch auf nasse oder trockene Emulsionsfarbe aufspritzen, mit dem Schwamm auftupfen oder auftröpfeln, um damit die Spuren der Zeit zu erzeugen. Wenn Brennspiritus auf französischen Emaillack gesprenkelt wird (links), ergeben sich Strukturen von marmorartiger Tiefe und Komplexität, ähnlich jenen, die durch Terpentin oder Testbenzin auf nasser Öllasur entstehen. Brennspiritus auf nasse Emulsionsfarbe gesprenkelt, ergibt einen »flacheren« Effekt.

Brennspiritus

Wasser

Wasser ist das preiswerteste Lösungsmittel. Es dient der Verdünnung wasserlöslicher Farben wie Emulsion und kann zur Erzeugung von Strukturen auf Oberflächen benützt werden, die mit einer wäßrigen Emulsions- oder PVA-Lösung bestrichen wurden. Die einzigartigen durch Wassser entstandenen Strukturen ergänzen die von Brennspiritus; zusammen sehen sie äußerst wirkungsvoll aus. Achten Sie, wie bei jedem Verdünnungsmittel, darauf, nicht zuviel Wasser anzuwenden, sonst waschen Sie die Farbe weg. Wasser wird auch in einer Reihe von Techniken vor dem Auftragen von Anstrichen verwendet.

Der sanfte Effekt von Wasser, das auf eine nasse Schicht verdünnter Emulsion gesprenkelt wurde.

Wasser ist ein gutes, aber langsam trocknendes Lösungsmittel.

Aufbringen von Lösungsmitteln

Für horizontale Oberflächen eignen sich am besten Pinsel, für vertikale wie Wände sind Schwämme oder Lappen besser, die Sie jedoch zuvor auswringen sollten.

Pasten und Pulver

Mit einfachen Materialien lassen sich Pasten und Mixturen herstellen, die auch die profansten Oberflächen verwandeln: eine Holzimitation zum Beispiel mit der Patina von jahrelangem Staub und Politur, verwitterter Sandstein, verblichene Terrakotta oder alter, verkrusteter Grünspan. Solche Täuschungseffekte haben eine alte Geschichte – im 18. Jahrhundert wurde mit einer Mischung aus Kalk, Sand und Gipsstaub Stein imitiert.

Stuckgips verwenden

Die Möglichkeit, Stuckgips als dekorativen Wandabschluß zu verwenden, wird oft nicht beachtet. Glatter Gips wird für gewöhnlich angestrichen, während texturierter Gips oft als Versuch, schäbige Strukturen zu verbergen, mißdeutet wird.
Glatte, blanke Gipswände haben eine erfrischende Eleganz – weißer Gips kann durch Zugabe von Farbpulvern gefärbt werden. Alte Gipswände haben eine dramatische Einfachheit, die durch Gips auf aufgebrachten Wachstropfen imitiert werden kann (siehe S. 72–73).

Das passende Material finden

Einige hier gezeigte Materialien, zum Beispiel Schlämmkreide und Fullererde, gibt es nur in speziellen Fachgeschäften. Aber Sand und Gips sind im Baufachhandel oder in Heimwerkergeschäften erhältlich.

Plastikformteile

Pasten verwenden
Verwenden Sie Pasten und Pulver, um gewöhnliche Plastikformen (oben) in grünspanige Ornamente oder antikes Holz zu verwandeln.

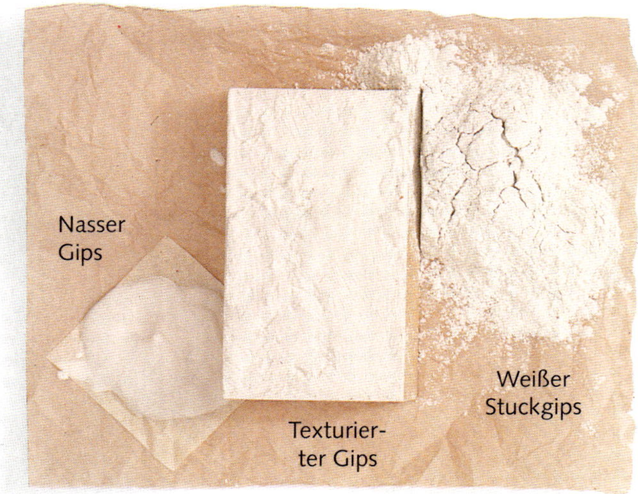

Gips
Stuckgips ist in den Standardfarben Grau, Rosa und Weiß erhältlich. Letzterer ist gut zum Einfärben mit Farbpulvern. Neben Stuckgips gibt es auch Modellgips und andere, in ihrer Abbindezeit unterschiedliche Arten. Stuckgips hat eine langsamere Trocknungszeit und kann so mit einer Kelle oder Plastiktüte bearbeitet werden.

Gesso
Jahrhundertelang wurde Gesso zum Grundieren von Holz verwendet, um damit eine völlig glatte, anzumalende oder zu vergoldende Oberfläche herzustellen. Das Grundrezept enthält Schlämmkreide und Hasenleim (Anleitungen für diese traditionelle Version, aber auch für die moderne Version mit PVA siehe S. 156).

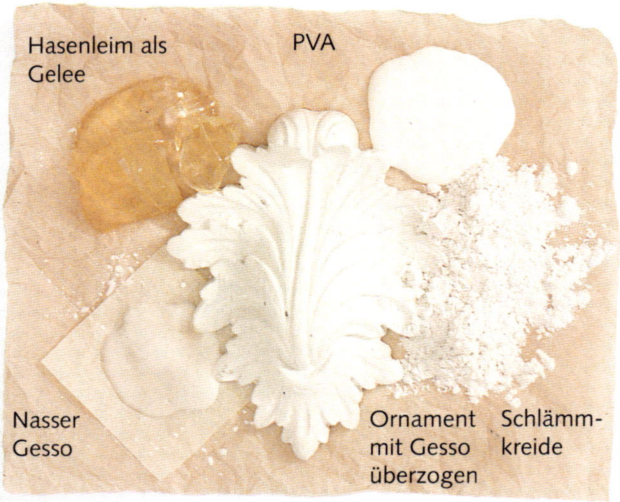

Wachse (oben)
Antikwachse sind leicht herzustellen und selbst als dekoratives Finish oder Mittel für Alt- oder Abnutzungseffekte auf Holz verwendbar. Hier simulieren sie den Effekt von jahrelangem in die Möbelpolitur eingedrungenen Staub. Zur Herstellung von Antikwachs mischen Sie Bienenwachspolitur mit etwas Terpentin und dann mit Fullererde, pulverisiertem Tripel oder Farbpulver. Auch Ölfarbe und sogar Schuhcreme kann zum Färben von Wachs benützt werden.

Pasten mischen

Die meisten Pasten sind schmierig und schnell trocknend. Nehmen Sie also Marmeladengläser oder Joghurtbecher, und mischen Sie die Pasten mit einem Messer. Ein Pinsel würde hoffnungslos verkleben. Verschließen Sie die Behälter gut mit Deckel und Klebefilm, damit die Pasten nicht zu schnell hart werden.

Grünspanpaste

Einige Metalleffekte, wie beispielsweise die Imitation von Grünspan, erfordern eine krümelige Textur. Verwenden Sie eine Paste aus Emulsionsfarbe, Schlämmkreide und Brennspiritus. Die Schlämmkreide verleiht der Paste Masse, und der Brennspiritus läßt die Farbe zu einer krümeligen Konsistenz gerinnen.

Weißwachs

Früher wurde Holz mit einer Paste aus Ätzkalk desinfiziert. Heute wird ein unaggressives Antikwachs genommen, das Bienenwachs-Möbelpolitur und ein harmloses weißes Pigment in Ölfarben- oder Pulverform enthält. Es ist einfach herzustellen, aber auch gebrauchsfertig erhältlich. Weißwachs kann auch zur Antikisierung von Stuckgipsarbeiten verwendet werden.

Sandtextur

Eine Sandtextur wird bei der Imitation von Rost und einigen Steinarten mit durch und durch körniger Struktur benötigt. Tragen Sie Leim auf der Oberfläche auf (entweder Spritzleim oder unverdünnten PVA), und klopfen, blasen oder streuen Sie den Sand darauf. Nehmen Sie für kleine Gegenstände wie Lampen feinen Sand.

Tiefe Sandsteintextur

Tragen Sie zur Imitation der hochreliefartigen Textur einiger stärker angegriffener und verwitterter Steinarten eine Paste auf die Sandtextur auf (links). Dazu wird Sand mit unverdünntem PVA vermischt und eine extrem dicke Paste angerührt, die man mit dem Spachtel aufträgt. Sobald die Paste trocken ist, wird sie angemalt.

Vergoldungsmaterial

Die Kunst des Vergoldens hat etwas Mystisches – was im Fall der Wasservergoldung, einer hochspezialisierten Kunst, zutreffen mag. Die Ölvergoldung (siehe S. 100–101) dagegen ist einfach und muß nicht teuer sein.

Bei der Ölvergoldung wird Transferblattgold (entweder echtes Gold oder die preiswerte Variante: holländisches Blattmetall) auf eine Schicht klebrigen Leim, den sogenannten Vergolderleim, aufgebracht. Für ein seidig glattes Finish wird der zu vergoldende Bereich mit verschiedenen Gessoschichten vorbereitet. Gesso gibt es fertig in Weiß, Rot oder Ocker; oder Sie stellen Ihren eigenen aus den unten angegebenen Bestandteilen her (für detaillierte Informationen siehe S. 156). Roter Gesso schimmert durch das Transfergold und seine feinsten Risse, was ein warmes und antikes Aussehen ergibt. Ockergelber Gesso hilft, Risse im Transfergold zu verdecken und seine Farbe zu intensivieren.

Pulverform

Metallpulver (in einem breiten Farbsortiment, einschließlich Gold, erhältlich) kann für ein Goldfinish auf klebrigen Vergolderleim gestreut werden. Es kann auch mit Firnis zu Goldfarbe gemischt und gemeinsam mit Transfergold, der sogenannten Kombinationsvergoldung, angewendet werden. Die echte Version besteht aus einer Kombination von Öl- und Wasservergoldung.

Ein ölvergoldetes und mit französischem Emaillack patiniertes Emblem

Selbstklebendes Goldband

Gebrauchsfertigen Gesso gibt es in Rot, Ocker und Weiß

Gesprühte Oberfläche mit Transfergold

Hasenleim als Pulver (unten) und nach Erhitzen als Gelee (unten links)

Schlämmkreide

Selbstgemachte Gessomischung

Gesso

Gessoschichten werden vor der Vergoldung (siehe S. 100–101) angemalt und glatt poliert. Gesso gibt es gebrauchsfertig oder in Eigenherstellung aus Schlämmkreide (puverisierte Kreide) und Hasenleim oder PVA (Rezepte für Gesso siehe S 156).

Spezialeffekte

Wasservergoldung erfolgt oft auf gefärbtem Ton (gewöhnlich rot), der durch die Risse im Blattgold schimmert. Dieser Effekt kann bei der Ölvergoldung erzielt werden, indem Transfergold auf gefärbtem Gesso (färben Sie den fertigen oder selbstgemachten Gesso mit Farbpulver in Ockerrot) oder auf roter Sprayfarbe aufgebracht wird. Benützen Sie selbstklebendes Goldband zur Imitation von Blattgoldstreifen sowie französischen Emaillack, verdünnte Emulsion oder Tinte zur Patinierung das Ganzen (siehe S. 104–105).

Ein Blatt Transfergold (unten) über einem Blatt holländischem Transferblattmetall mit etwas losem Blattgold (unten links)

Metallpulver (unten)
Diese feinen, staubigen Pulver erhält man in Künstlerbedarfsläden in einem breiten Farbsortiment. Sie können mit PVA oder Firnis zu einem effektvollen Anstrich vermischt werden oder mit einem Pinsel oder Teesieb auf klebrigem Vergolderleim aufgebracht ein makelloses Goldfinish ergeben. In Kombination mit der Transferblattgold verwendenden Ölvergoldung können Metallpulver zur Imitation des unter dem Namen Kombinationsvergoldung bekannten Effekts benützt werden. In der traditionellen Technik bedient sich diese des komplizierten Wasservergoldens und der Ölvergoldung.

Ornament mit Transferblattgold und Metallpulver vergoldet

Blattmetall
Transferblattgold und seine preiswerte Alternative, holländisches Blattmetall, liegen auf Wachspapierschichten. Loses Blattgold wird meist bei der Wasservergoldung benützt.

Goldpulver

Ornament vergoldet mit Goldpulver

Vergolderleim (links in seinem Behälter) ist eine Klebebeschichtung

Öl-Vergolderleim
Dieser Vergolderleim dient als Klebebeschichtung für Blattmetall und Metallpulver. Es gibt ihn als Öl-Vergolderleim oder als japanischen Vergolderleim (trocknet schneller).

Goldpulver kann auf den klebrigen Vergolderleim mit einem Pinsel aufgestäubt werden.

Pigmente und Farben

Ich verwende häufig fertig erhältliche Farben wie Emulsions- oder Eierschalenfarben. Bei einigen Techniken empfiehlt es sich allerdings, die Farben selbst herzustellen. Die notwendigen Pigmente (natürliches oder künstliches Farbstoffkonzentrat) gibt es im Fachhandel als Farbpulver, aber auch in Form von Tubenfarbe wie Künstlerölfarbe, Künstleracrylharzfarbe oder Gouache, die jeweils unterschiedliche Bindemittel enthalten. Außerdem werden Pigmente zum Verändern bereits fertiger Farben unterschiedlicher Art und zum Einfärben von Firnissen benutzt. Öllasuren werden durch Zusatz von Universalabtönpaste oder Künstlerölfarbe getönt.

Farbeigenschaften

Hier und auf den folgenden drei Seiten finden Sie eine Auswahl bestimmter Farbtöne, die in Form von Künstlerölfarben erhältlich sind. Identische Farbtöne derselben Bezeichnung erhalten Sie auch als Künstleracrylfarbe, Gouache, Farbpulver und Unversalabtönpaste.

Die Eigenschaften der einzelnen Pigmente sind ganz unterschiedlich. Einige trocknen deckend, andere fast durchscheinend; einige haben ein gutes Deckvermögen, andere ein geringeres. Schlämmkreide beispielsweise deckt in Verbindung mit wäßrigen Bindemitteln und ist in öligen Bindemitteln transparent. Erklärungen der Symbole siehe nächste Seite.

Farbtonentsprechungen

Der Vergleich zwischen den Farbtönen der Künstlerölfarben und den daneben aufgeführten entsprechenden Farbtonmustern handelsüblicher Anstrichfarben zeigt, daß die Tönung der Tubenfarben häufig sehr weit an den Ton der Anstrichfarbe heranreicht. Deshalb gebe ich Anstrichfarben wie Emulsion oft den Namen des jeweils entsprechenden Pigments. Allerdings haben Anstrichfarben nicht die gleichen Eigenschaften wie die jeweils farblich verwandten Farbpulver oder Tubenfarben.

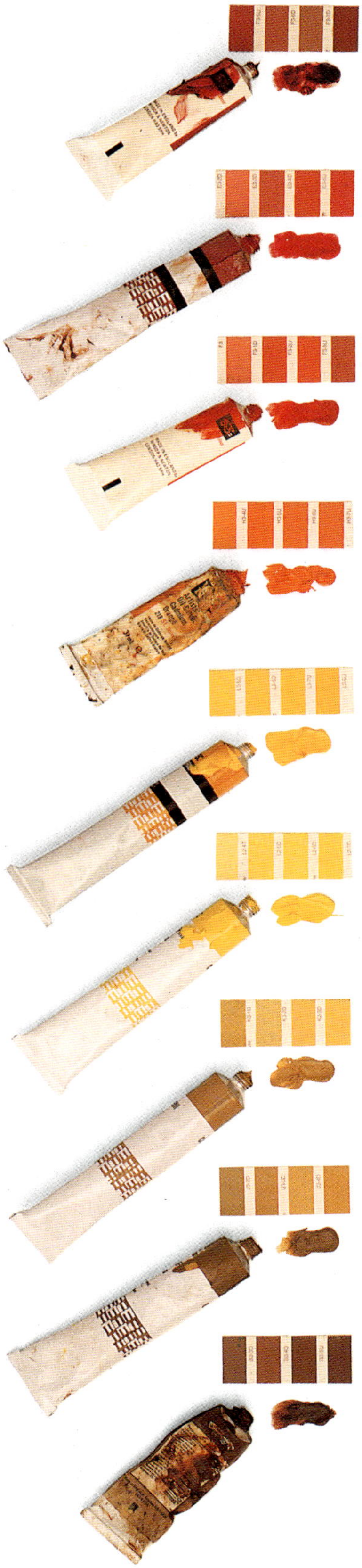

	Eigenschaften/Verwendungszweck
Karminlack	Ursprünglich aus der Schildlaus gewonnen, wird Karminlack heute synthetisch hergestellt. Siehe auch Scharlachrot. Farblacke sind intensiv und strahlend, verblassen allerdings unter Lichteinwirkung.
Rosakrapplack	Weiches, durchscheinendes Rot. Früher aus der Krappwurzel gewonnen, heute künstlich hergestellt. Ergibt in Verbindung mit Weiß wunderschöne Rosatöne.
Scharlachrot	Ähnlich wie Karminlack (oben): ein für alle Dekorationszwecke geeignetes, intensives Pigment.
Kadmiumorange	Kadmiumhaltige Pigmente sind giftig, haben jedoch gutes Deckvermögen, Intensität und lange Lebensdauer. Es gibt auch ein Kadmiumrot als Alternative zu Scharlachrot.
Chromgelb	Aus der Reihe der kräftigen, intensiven Chrombleiderivate.
Kadmiumgelb	Siehe auch Kadmiumorange (oben). Gutes Deckvermögen; intensive, beständige Farbe.
Ockergelb	Diese Erdfarbe – ein wunderschön warmes Braungelb – wird als Vergoldergrund benutzt. Durch Brennen entstehen purpurrote Ockertöne.
Terra di Siena ungebrannt	Alte, braungelbe Erdfarbe italienischer Herkunft zum Abtönen, Antikisieren und Mischen mit Umbra natur.
Terra di Siena gebrannt	Diese Erdfarbe entsteht durch Brennen von Terra di Siena natur. Gutes Terrakottabraun; ergibt im wäßrigen Anstrich sehr schöne Pinktöne.

Fortsetzung der Tabelle nächste Seite

Färbe-vermögen	Deckvermögen	Alkali-beständigkeit	Licht-beständigkeit	Zusammensetzung	Giftigkeit
✱✱✱✱	□□□	✘	💡💡	Farbstoffe auf Aluminiumoxid gefällt	✋✋ 🧴🧴 💊💊
✱✱✱	□□	✘	💡💡💡💡	Extrakte der Krapp-wurzel; chemische Farbstoffe	✋ 🧴 💊
✱✱✱✱	□□□	✘	💡💡	Farbstoffe auf Aluminiumoxid gefällt	✋✋ 🧴🧴 💊💊
✱✱✱	□□□□	✘	💡💡💡	Kadmiumsulfid; Kadmiumselenid	✋ 🧴🧴🧴🧴🧴 💊💊💊💊💊
✱✱✱✱✱	□□□□	✘	💡💡💡	Bleichromat	✋✋✋✋✋ 🧴🧴🧴🧴🧴 💊💊💊💊💊
✱✱✱	□□□□	✘	💡💡💡	Kadmiumsulfid	✋ 🧴🧴🧴🧴🧴 💊💊💊💊💊
✱✱✱✱	□□□□□	✔	💡💡💡💡	Eisenoxid	✋ 🧴 💊
✱✱✱	□□□	✔	💡💡💡💡	Eisen- und Aluminium-oxidhaltiger Ton	✋ 🧴 💊
✱✱✱	□□□	✔	💡💡💡💡	Eisenoxidhaltiger Ton	✋ 🧴 💊

Die Symbole
Die Tabelle bedient sich eines Systems von Zeichen und Symbolen zur Klassifizierung der verschiedenen Pigment-eigenschaften.
Ein geringes Färbevermögen wird beispielsweise durch einen Stern (*) gekennzeichnet, ein sehr gutes Färbevermögen durch fünf Sterne (*****) usw.
Entsprechend steigt die Schädlichkeit eines Pigments mit steigender Anzahl der aufgeführten Symbole: 1 (wenig giftig) bis 5 (hochgiftig):

- ✋ Hautkontakt
- 🧴 Einatmung
- 💊 Einnahme

Pigmente mit fünf »Hautkontakt«-Symbolen dürfen nur mit Handschuhen bearbeitet werden. Alkalibeständige Farben sind durch ein Häkchen (✔), alkaliunbeständige Farben durch ein Kreuz (✘) markiert.

Farbpulver
Bei der Verwendung von Farbpulvern ist extreme Vorsicht geboten, da Pigmente in dieser Form sehr gefährlich sein können. Tragen Sie unbedingt Handschuhe (Pigmente werden über die Haut absorbiert und sammeln sich unter den Fingernägeln an) und eine Papierstaubmaske, damit die feinen Staubteilchen nicht in die Atemwege gelangen! Pigmente mit fünf »Einatmung«-Symbolen sollten nie in Pulverform verwendet werden.

BEGRIFFSERKLÄRUNGEN

Eigenschaften/Verwendungszweck
Eigenschaften der Pigmente und ihre Anwendung

Färbevermögen
Die Fähigkeit eines Pigments, eine Oberfläche zu durchdringen. Bei einem hohen Färbevermögen brauchen Sie im Verhältnis zur Größe der Fläche eine relativ geringe Pigmentmenge.

Deckvermögen
Dieser Indikator bezeichnet die Deckfähigkeit eines Pigments. Ockergelb zum Beispiel färbt die meisten Untergründe schon nach dem ersten Auftrag deckend, während andere Pigmente, etwa Rosakrapplack, nach der Trocknung eine durchscheinende Schicht bilden und deshalb für farbige Öllasuren geeignet sind. Das Deckvermögen von Kreide ist unterschiedlich, je nachdem, ob sie ölig oder wäßrig gebunden wird.

Alkalibeständigkeit
Kalk, ein alkalisches Gemisch, wirkt als Farbenaufheller. Verwenden Sie nur alkalibeständige Farbpulver zum Tönen von kalkhaltigem Gips oder Stuckgips.

Lichtbeständigkeit
Manche Pigmente verblassen, wenn sie natürlichem Licht ausgesetzt sind. In dieser Tabelle wird die Lichtbeständigkeit der Pigmente aufgeführt. Die Hersteller von Künstlerölfarben haben ihr eigenes Bewertungsschema, das seitlich auf dem Gebinde angegeben ist.

Zusammensetzung
Die chemische Rezeptur des Pigmentes, ohne Angabe des jeweils verwendeten öligen oder wäßrigen Bindemittels.

Giftigkeit
Viele Pigmente sind hochgiftig, mache sogar krebserregend. Pigmente dürfen niemals durch den Mund oder die Atemwege in den Körper gelangen, und bei hochgiftigen Pigmenten, insbesondere Farbpulvern, ist auch der Hautkontakt zu vermeiden. Pigmente sind kindersicher unter Verschluß zu halten. Lesen Sie vor dem Gebrauch die Zusammensetzung. Bei Pigmenten, die in der Liste auf der gegenüberliegenden Seite als »hochgiftig« eingestuft oder in der Übersicht mit fünf Gefahrensymbolen gekennzeichnet sind, müssen Sie mit besonderer Sorgfalt vorgehen!

	Eigenschaften/Verwendungszweck
Umbra gebrannt	Satte, schokoladenbraune Erdfarbe, die durch Erhitzen von Umbra natur gewonnen wird.
Umbra natur	Braune Erdfarbe, leicht ins Graugrün ziehend. Äußerst nützliches, neutrales Pigment, gut zum Abtönen geeignet.
Terra verde	Erdfarbe italienischer Herkunft, auch als »grüne Erde« bekannt; ein schönes Grün mit bläulich-grauem Stich.
Chromoxidgrün	Weiches Pigment mit schönem organischen Grünschatten. Extrem gutes Deckvermögen. Findet wegen guter Mischeigenschaften viel Verwendung sowohl für wäßrig als auch ölig gebundene Farben.
Permanentgrün	Dieses vielseitige Grün (auch unter »Guignetgrün« bekannt) ist säure-, alkali- und lichtbeständig, in wäßrigem Anstrich aber nur begrenzt dauerhaft. Da es nicht ausbleicht, ist es auch für Volltönungen geeignet.
Ultramarinblau	Der Name bedeutet »Übersee« – dieses alte, prächtig tiefblaue Pigment war einmal sehr kostbar, weil es ursprünglich aus Lapislazuli gewonnen wurde.
Kobaltblau	Altes Pigment, hochgeschätzt für seine Brillanz und Reintönigkeit. Ideal für Kompaktflächen und Flachdetail. Gute Transparenz, daher auch für Öllasuren gut geeignet.
Zinkweiß	Auch als »Chinesischweiß« bekannt. Wird für bestimmte Zwischenanstriche verwendet. Ausgezeichnetes Deckvermögen. Härteeffekt bei Verwendung in Öllasur.
Titanweiß	Effizientes, sehr weißes Pigment. Verwendung in Weißwachspasten. Etwas kreidig, daher gewöhnlich mit Zinkoxid gehärtet.
Schlämmkreide	Bestandteil von Leimfarbe, Kalktünche und Gesso. Gutes Deckvermögen in wäßrigen, schwaches Deckvermögen in Öl-Malmitteln und Wachs.

Färbevermögen	Deckvermögen	Alkalibeständigkeit	Lichtbeständigkeit	Zusammensetzung	Giftigkeit
✣✣✣	□□	✔	💡💡💡💡	Ton mit Eisen- und Mangansilikaten und -oxiden	✋ 🧴🧴🧴🧴 ▼▼▼▼
✣✣✣	□□	✔	💡💡💡💡	Ton mit Eisen- und Mangansilikaten und -oxiden	✋ 🧴🧴🧴🧴 ▼▼▼▼
✣✣	□□	✔	💡💡💡💡	Natürliche Eisen- und Magnesiumsilikate	✋ 🧴 ▼
✣✣✣	□□□□□	✔	💡💡💡💡	Chromoxid	✋✋✋ 🧴🧴🧴🧴 ▼▼▼▼
✣✣✣✣	□□	✔	💡💡💡	Viridian (ein Chromoxid), mit Zinkchromat und Baryten vermischt	✋✋✋✋✋ 🧴🧴🧴🧴🧴 ▼▼▼▼▼
✣	□	✔	💡💡💡💡	Natriumsilikat mit Aluminium und Sulfur	✋ 🧴 ▼
✣✣✣	□□□ (in Wasser) □ (in Öl)	✔	💡💡💡💡	Kobaltoxid, Alumiumoxid	✋ 🧴🧴 ▼
	□□□□	✔	💡💡💡💡	Zinkoxid	✋ 🧴🧴 ▼▼
	□□□□□	✔	💡💡💡💡	Titanoxid	✋ 🧴 ▼
	□□□ (in Wasser) □ (in Öl)	✔	💡💡💡💡	Kreide (Kalziumkarbonat), gemahlen, geschlämmt und getrocknet	✋ 🧴 ▼

Weitere hochgiftige Pigmente, die mit extremer Vorsicht zu behandeln sind (nicht in Pulverform verwenden!):
Antimonpigmente
Bleipigmente
Chrompigmente
Kadmiumpigmente
Phtalocyaninpigmente
Bariumgelb
Kobaltgelb
Schweinfurter Grün
Rußschwarz
Zitronengelb
Neapelgelb
Scheeles Grün
Strontiumgelb
Zinnoberrot

Weitere giftige Pigmente, die mit Vorsicht zu behandeln sind:
Alizarinkarminlack
Aluminiumoxid
Coelinblau
Kobaltgrün
Kobaltviolett
Englischrot
Indischrot
Elfenbeinschwarz
Marsschwarz, Marsbraun, Marsrot, Marsorange, Marsviolett, Marsgelb
Preußischblau, Pariser Blau
Terra rosa
Ultramarinblau, Ultramaringrün, Ultramarinrot, Ultramarinviolett

Farben, Firnisse und Lösungsmittel

In dieser Tabelle sind die einzelnen Farben und Firnisse der im Buch vorgestellten Dekorationstechniken nach Zusammensetzung, Eigenschaften und Verwendungszweck aufgelistet.

Lösungsmittel

Farben und Firnisse können mit bestimmten, auch als Pinselreiniger benutzten Lösungsmitteln verdünnt werden. Weitere Informationen finden Sie in der Tabellenspalte »Lösungsmittel«. Zudem können einige Lösungsmittel in Verbindung mit diversen Farben und Firnissen auch für dekorative Effekte verwendet werden (siehe S. 142–143).

Giftigkeit

Im Umgang mit Farben und Firnissen ist größte Sorgfalt geboten. Zum einen enthalten sie giftige Bestandteile, zum anderen sind die mit ihnen in Verbindung gebrachten Lösungsmittel – mit Ausnahme von Wasser – meist hochgiftig. Solche Lösungsmittel, Farben und Firnisse können auf drei, in der Tabelle durch drei Symbole gekennzeichnete Arten in unseren Körper gelangen. Deren Bewertungsskala reicht von 1 (leicht giftig) bis 5 (hochgiftig).

- Hautkontakt
- Einatmung
- Einnahme

Die Schädlichkeit der Lösungsmittel richtet sich nach der Art und Weise, wie sie in den Körper gelangen.

Vorsichtsmaßnahmen

Mit Farben, Firnissen und Lösungsmitteln sollte nur in gut durchlüfteten Räumen gearbeitet werden. Alle Behälter sind sorgfältig zu beschriften und außer Reichweite von Kindern aufzubewahren. Während der Arbeit sollten Sie niemals essen, trinken oder rauchen. Einige Substanzen dürfen nur mit Handschuhen und Schutzbrille bearbeitet werden. Eine Atemschutzmaske schützt die Atemwege vor giftigen Dämpfen, eine Staubmaske verhindert das Einatmen der feinen Pigmentteile.

Typ	Verwendungszweck	Mischbar mit
EMULSIONSFARBE (matt und Vinyl seidenmatt)	Farbe auf Wasserbasis für Innenanstriche allgemeiner Art: Decken, Wände und Holz. Verdünnt auch für Farbtünchen geeignet, angedickt mit Schlämmkreide für Textureffekte. Vinyl seidenmatt trocknet glänzender auf.	Wasser (als Verdünner), Universalabtönpaste, Farbpulver, Tubenfarben auf Wasserbasis wie Gouache und Künstleracrylharzfarben.
EIERSCHALENFARBE, GLANZLACK UND ZWISCHENANSTRICH AUF ÖLBASIS	Farben auf Ölbasis für Innenanstriche allgemeiner Art. Verdünnt für hochstrapazierfähigen, wäßrigen Anstrich geeignet. Eierschalenfarbe, die perfekte Grundlage für Öllasuren. Für sehr matten Abschluß können Zwischenanstriche auf Ölbasis getönt werden.	Universalabtönpaste, Künstlerölfarben, Öllasur.
GESSO-, LEIM- UND BUTTERMILCHFARBE (Kasein)	Traditionelle Farben auf Wasserbasis, alle mit ähnlichen Eigenschaften, für Wände und Möbel. Heute zwar aus der Mode, wird jedoch Gesso nach wie vor gern für Oberflächenvorbehandlungen, Reliefarbeiten und unter Vergoldungen benutzt.	Gouache, Farbpulver.
KALKTÜNCHE	Traditionelle Farbe für Hausfassaden. Wurde statt weißer Leimfarbe auch für Innenwände benutzt, wenn kalkiger, matter Abschluß erwünscht war.	Alkalibeständigen Farbpulvern.
SPRAYFARBEN	Bequeme Art des Farbauftrags bei bestimmten Techniken wie Schablonieren, Grünspaneffekt und als Untergrund für Vergoldungen.	Nichts.
PVA und EVA	PVA als gutes Bindemittel für selbstgemachte Farben (unter Verwendung von Farbpulver) zum Farbtünchen. Auch als Klebemittel und Staubschutz für Papiertapeten verwendbar. EVA hat ähnliche Eigenschaften und ist obendrein wasserfest.	Emulsionsfarben, Universalabtönpasten, Farbpulver, Gouache, Künstleracrylharzfarben, Tinten auf Wasserbasis.
KÜNSTLERÖLFARBEN	Diese Farben werden in der Ölmalerei verwendet. Ausgezeichnet zum Einfärben von Öllasuren, Firnissen und Eierschalenfarben. Durch Mischen mit Bienenwachs-Möbelpolitur und Terpentin gut für Antikeffekte geeignet.	Transparente Öllassuren, Eierschalenfarben, Glanzlack, Bienenwachs-Möbelpolitur sowie terpentinlöslichen Firnissen auf Öl- und Harzbasis.
FARBPULVER	Zum Selbermachen von Farbtünchen und Freihand-Detailmalerei, ebenso zum Tönen von Anstrichfarben, Firnissen und Gips.	Wasser, Emulsion, PVA, transparente Öllasur, Firnissen auf Ölbasis, Polyurethanlack.

Fortsetzung der Tabelle nächste Seite

Vorteile	Nachteile	Lösungsmittel	Zusammensetzung	Giftigkeit
Preisgünstig. Relativ sauber. Schnell trocknend (1-3 Stunden). Ergibt jeden gewünschten Farbton. Trocknet wasserfest auf. Enorme Farbpalette.	Dunklen Farbtönen mangelt Sattheit und Tiefe. Eventuell Schutzfirnis erforderlich, weil Staub nicht problemlos abwaschbar.	Wasser. Kann nach dem Trocknen aufgeweicht und mit Brennspiritus entfernt werden.	Pigment, Kunstharze und PVA (oder Polyacrylbinder in Wassersuspension)	
Harter, dauerhafter Abschluß mit schöner Farbtiefe. Enorme Farbpalette.	Eierschalenfarbe und Glanzlack benötigen einen Zwischenanstrich und auf saugenden Flächen eine Grundierung. Langsam trocknend (6–12 Stunden). Unangenehme, in größeren Mengen gesundheitsschädliche Dämpfe.	Terpentin, Testbenzin	Pigment, synthetische Trockenöle und Alkydharze. Traditionelle Trockenöle (wie Leinöl) und natürliche Harze sind heute durch synthetische Bestandteile ersetzt.	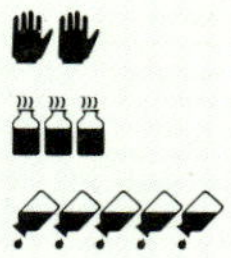
Weiche Textur und kreidige Farben. Gesso und Kaseinfarben auf Hochglanz polierbar, was der fertigen Oberfläche viel Charakter verleiht. Feuchtigkeitsdurchlässig.	Im Behälter eventuell verderblich. Geringes Deckvermögen. Hält nur auf porösen Flächen. Nicht wasserfest. Weich, verwischt leicht bei Feuchtigkeit (außer Kasein). Nicht überall erhältlich.	Wasser	Pigment (häufig Kreide) in Wasser, natürliches Bindemittel wie tierische Gelatine oder Kasein (Nebenprodukt der Käsebereitung) und manchmal wasserfestes Öl.	 *
Desinfizierende und insektizide Eigenschaften. Gut für alte Wände, die »atmen« müssen, weil feuchtigkeitsdurchlässig.	Hoch ätzend, wenn angefeuchtet. Nur halb wasserfest nach dem Trocknen. Nicht wischfest.	Wasser	Wasser, gelöschter Kalk (Kalziumhydroxid) und wasserfestes Agens wie Talg	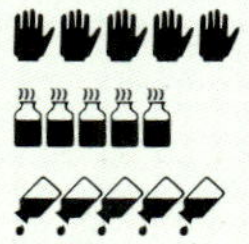
Schnell, hart und vollkommen glatt auftrocknend. Für die meisten Flächen geeignet. Schnell aufzutragen. Nach dem Trocknen durch Lösungsmittel reaktivierbar.	Hochgiftige, unangenehm riechende Substanzen. Beträchtlicher Sprayniederschlag, der möglicherweise umliegende Flächen mitfärbt. Enthält häufig schädliche Treibmittel, die Sie vermeiden sollten.	Xylol, Aceton und Toluol	Pigment, Nitrolack (oder Acryllack in Petroleumdestillat) und Treibmittel	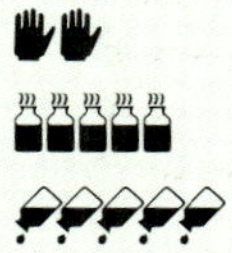
Vielseitiges Mittel mit ausgezeichneten Versiegelungs- und Bindereigenschaften. Schnell trocknend, billig und leicht erhältlich.	Trocknet häufig leicht glänzend und weich. PVA nicht wasserfest.	Wasser	PVA: Polyvinylacetat, in Wasser dispergiert. EVA: Äthylenvinylacetat	
Intensive, konzentrierte Farben, gut verdünnbar. Gut mischbar mit anderen Malmedien auf Ölbasis. Langsam trocknend und daher gut verarbeitbar. Breite Farbpalette.	Unterschiedlich stark durchscheinend und wechselndes Deckvermögen. Einige Farben zu teuer für großflächigen Anstrich.	Terpentin, Testbenzin	Fein gemahlenes Pigment, Leinöl und Trockenöle	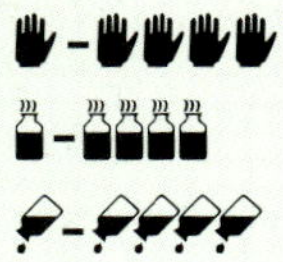 *
Wäßrige Anstriche mit Farbpulvern sind besonders schön. Trocken untereinander mischbar, bis gewünschter Farbton erreicht ist. Billig und leicht erhältlich.	Farbpulver haben sehr unterschiedliche Eigenschaften. In der Regel ist ein Schutzfirnis erforderlich, damit die Farbe nicht verwischt. Oft extrem giftig.	Wasser	Fein gemahlenes Pigment (natürlicher oder chemischer Herkunft)	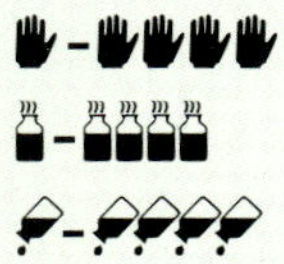 *

* Gefährlichkeit variiert mit dem Farbton (siehe S. 148–151).

ÜBLICHE LÖSUNGSMITTEL

Bei Verwendung der nachstehend genannten Lösungsmittel in größeren Mengen bedarf es bestimmter Vorsichtsmaßnahmen. Bei Personen mit Hautreiz- und Allergieanfälligkeit sind empfindliche Reaktionen bereits bei kleineren Mengen Terpentin oder Testbenzin möglich.

Brennspiritus

Enthält Methanol, Holzgeist, denaturierten Alkohol, Methylviolett. Entzündlich.

Kann zu Bewußtlosigkeit und Organschäden führen. Handschuhe tragen.

Kann zu Bewußtlosigkeit und Organschäden führen. Schutzmaske tragen.

Lebensgefährlich; kann zu Blindheit führen.

Terpentin

Enthält reines Terpentin, Terpentinöl, Balsamterpentin. Entzündlich.

Verursacht Hautreiz. Handschuhe tragen.

Reizdämpfe. Schutzmaske tragen.

Lebensgefährlich

Testbenzin (Terpentin(öl)ersatz)

Enthält Petroleumdestillate.
Billiger als Terpentin bei gleichen Eigenschaften. Entzündlich.

Handschuhe tragen.

Reizdämpfe. Schutzmaske tragen.

Lebensgefährlich

Aceton

Enthält Aceton (ein Ketongemisch). Hochentzündlich.

Hautreizend. Handschuhe tragen.

Kann zu Bewußtlosigkeit führen.

Verursacht Übelkeit und Magenschmerzen.

Typ	Verwendungszweck	Mischbar mit
GOUACHE/KÜNSTLERACRYLHARZFARBEN	Konzentrierte Tubenfarben auf wasserlöslicher Basis für Volltönung und wäßrige Anstriche. Gouachefarben traditionell auf Gesso zur Möbeldekoration.	Wasser, Emulsion, PVA
UNIVERSALABTÖNPASTEN	Vielseitige, intensive Farbmittel in flüssiger Form, praktisch mit allen Lasuren und Farben auf Öl- oder Wasserbasis zu breiter Farbpalette kombinierbar.	Wasser, Emulsion, Eierschalenfarbe, transparenter Öllasur, Öllack, Polyurethanlack, Holzbeize.
TRANSPARENTE ÖLLASUR	Zusammen mit Künstlerölfarben oder Universalabtönpasten für Farblasuren, wie sie in der Holzmaser- und Zugtechnik, Antikisier- und Stupftechnik Anwendung finden.	Künstlerölfarben, (Alkyd)Farben auf Ölbasis, Universalabtönpasten, Öllack, Polyurethanlack (für glänzenderen Abschluß).
SCHELLACK UND FRANZÖSISCHER EMAILLACK	Schellack wird zum Versiegeln, Antikisieren und Beschichten von Papierschablonen verwendet, Emaillack für Glasmalerei.	Schellackprodukte sind untereinander mischbar; akzeptieren auch brennspiritusverdünnbare Holzbeizen.
EINLASSGRUNDIERMITTEL UND ASTLACK	Einlaßgrundiermittel dient der Versiegelung von Holz vor dem Farb- oder Firnisauftrag, um Dekolorierung zu verhindern. Mit Astlack werden die Knoten in harzigem Holz versiegelt.	Weitere Schellackprodukte und Brennspiritus.
VERGOLDERLEIM	Als Haftgrund für Blattgold und Metallpulver. Erhältlich auf Öl- und Wasserbasis.	Öl: Farben auf Ölbasis, Künstlerölfarben, Farbpulver, transparente Öllasur. Wasserbasis: Pigmente oder Gouache.
ALLZWECKFIRNISSE AUF ÖLBASIS	Traditionelle Firnisse, wie Kopallack und Dekorfirnis, als Schutz für alle Arten von Endanstrichen. Heute durch den überall erhältlichen Polyurethanlack verdrängt.	Farben auf Ölbasis, Künstlerölfarben, Farbpulver, Universalabtönpasten, transparente Öllasur.
POLYURETHANLACK	Harter, dauerhafter Allzwecklack für Innenanstriche der unterschiedlichsten Art. Erhältlich in Matt, Seidenmatt und Hochglanz.	Farben auf Ölbasis, Künstlerfarben, Farbpulver, transparente Öllasur.
ACRYLHARZLACK	Neue, hervorragende Generation schnell trocknender Firnisse auf Basis von Wasser oder Petroleumdestillat. Für alle Arten dekorativer Firnisse geeignet.	Auf Wasserbasis zum Mischen mit Universalabtönpasten und Farbpulvern geeignet.
BIENENWACHSMÖBELPOLITUR	Zum Polieren von Anstrichen und Möbeln. Eingefärbt als Antikwachs oder Weißwachs verwendbar.	Künstlerölfarben, Farbpulver, pulverisierter Stinkkalk, Fullererde, Schuhcreme.

Vorteile	Nachteile	Lösungsmittel	Zusammensetzung	Giftigkeit
Kräftige Farben mit ausgezeichnetem Färbevermögen. Durch Verdünnung lebhaft kolorierte Farbtünchen. Künstleracrylfarben trocknen wasserfest.	Teuer. Künstleracrylfarben trocknen sehr rasch (eine Stunde). Gouache nach dem Trocknen nicht wasserfest.	Wasser	Konzentrierte Pigmente in wäßriger Basis.	*
Sehr kräftige, gut verdünnbare Farben. Gute Mischeigenschaften. Preisgünstig und anpassungsfähig.	Begrenzte Farbpalette. Größere Farbvielfalt durch Mischen mit Fertigfarben wie Emulsion und Eierschalenfarbe erreichbar.	Terpentin, Testbenzin	Farbstoffe mit Verdünnungsmittel.	
Billige und effiziente Art des Farbauftrags. Trockenzeit sechs Stunden. Gute Streichfähigkeit bis zu einer halben Stunde.	Neigt zur Hautbildung in der Dose. Gilbt im Sonnenlicht. Wegen weicher Auftrocknung Schutzfirnis notwendig.	Terpentin, Testbenzin	Schlämmkreide, Leinöl (oder künstliches Alkydharz), Trockenöle und Testbenzin.	
Alle Schellackprodukte trocknen schnell. Schellack ist in verschiedenen Farbtönen erhältlich, einschließlich Standardbraun, feinkörnigem Orange-Schellack (Knopfpolitur) und gebleichtem Schellack (auch weißer Schellack genannt).	Beide spröde und gelb (außer weißer Schellack). Müssen wegen kurzer Trocknungszeit rasch verarbeitet werden. Sind jedoch alkohollöslich.	Brennspiritus	Blätterschellack (Sekret der Lacklaus, eine kristalline, harzhaltige Substanz) und Alkohol. Französischer Emaillack auf Schellackbasis enthält Anilinfarbstoff und ist in mehreren Farbtönen erhältlich.	
Schnell trocknend; bildet auf Holz feste Schutzbarriere.	Spröde; Astlack dunkel, ungeeignet unter heller Tünche (durch weißen Schellack ersetzen).	Brennspiritus	Blätterschellack (siehe »Schellack« oben) und Alkohol.	
Öl: Schnell trocknend, hart, Glanzfirnis mit hervorragenden Fließeigenschaften. Wasserbasis: Sehr anwenderfreundlich.	Öl: Etwas spröde. Neigung zu Hautbildung, oxidiert teilweise im Behälter. Trocknet nicht so fest wie Polyurethanlack. Wasserbasis: Weiche Auftrocknung.	Öl: Terpentin, Testbenzin Wasserbasis: Wasser	Öl: Traditionsgemäß aus Leinöl, Harz und Trockenölen. Häufig Verschnitt aus natürlichen Ölen und Harzen. Wasserbasis: Wäßriger Leim in Acryl-Suspension.	
Sehr hochwertiger Abschluß. Kann geschliffen werden.	Häufig lange Trocknungszeit aufgrund geringen Harzanteils. Manchmal spröde.	Terpentin, Testbenzin	Natürliche Öle und Harze mit Trockenölen.	
Billig, überall erhältlich und leicht in der Anwendung. Trocknet binnen vier bis sechs Stunden zu strapazierfähigem, festem Finish.	Manchmal gelblich und spröde. Blättert leicht beim Abschleifen.	Terpentin, Testbenzin	Künstliche Harze und Öle.	
Version auf Wasserbasis; schnell trocknend, fest und sehr klar, angenehm aufzutragen.	Version auf Petroleumdestillat-Basis hochgiftig. Nach Möglichkeit die wäßrige Version verwenden. Angaben über Giftigkeit gelten nur für Version auf Wasser-Basis.	Variabel je nach Zusammensetzung	Feste Acrylharze, dispergiert in Wasser oder Petroleumdestillat-Lösung (Xylol oder Toluol).	
Flexibel und vielseitig. Mit Lösungsmittel leicht entfernbar. Wasserfest. Gut polierbar und angenehm aufzutragen.	Erfordert wegen Weichheit regelmäßiges Auftragen, um den Abschluß zu erhalten. Bei Überhitzung giftige Dämpfe, Farbton verändert sich.	Terpentin, Testbenzin	Weiches Bienenwachs sowie andere Wachse wie hartes Karnaubawachs oder künstliches Silikonwachs in Lösungsmittel (in der Regel Terpentinersatz).	**

* Giftigkeit variert je nach Farbton.
** Vergiftungsgefahr durch Einatmen nur bei Überhitzung.

Rezepturen

Im folgenden erhalten Sie Rezepte, mit denen Sie Ihre eigenen Malmittel herstellen können. Das ist erforderlich, weil manche Produkte nicht im Handel erhältlich sind; auch einige Mittel, die bei bestimmten Techniken zur Vorbehandlung dienen, sind möglicherweise nicht fertig zu bekommen. Zur Bestimmung der benötigten Farb-, Firnis- oder Lasurmenge siehe Seite 159. (Abkürzungen: l = Liter, ml = Milliliter, kg = Kilogramm, g = Gramm, EL = Eßlöffel.)

Schablonenpapier/Ölpapier

Falls Sie kein Schablonenpapier (Manila-Ölpapier) auftreiben, stellen Sie Ihr eigenes nach dem folgenden Rezept her.

Benötigtes Material

Festes Zeichenpapier oder Manilapapier
Leinöl, Schellack oder Astlack

Beide Seiten des Zeichen- oder Manilapapiers mit Leinöl tränken und eine Woche trocknen lassen. Das macht das Papier flexibel, was besonders beim Schablonieren gebogener Oberflächen wichtig ist. Um das Papier zu versiegeln und geschmeidig zu machen, können Sie es auch mit Schellack oder Astlack beschichten. Diese Methode läßt sich auch zur Stärkung von Zierpapier zur Herstellung von Lampen- oder Wandschirmen anwenden.

Transparente Öllasur

Sie wird bei vielen Techniken benützt. Zum Selbstmachen siehe das nachfolgende Rezept. Schützen Sie die getrocknete Lasur mit einer Schicht Mattlack.

Benötigtes Material

0,5 l Terpentin
0,3 l vorerhitztes Leinöl
0,2 l Trockenmittel
1 EL Schlämmkreide

Die Zutaten mit Hilfe eines runden Schneebesens vermischen. Die Lasur luftdicht verschlossen in einem Glas oder Becher aufbewahren.

Flüssiges Gummiarabikum (Mittel für feinste Risse)

Um haarfeine Risse zu erzeugen, ist Gummiarabikum eine exzellente Alternative zu den handelsüblichen Mitteln. Sie kaufen es in Künstlerbedarfsgeschäften schon fertig gelöst oder in Form von Kristallen, die in kochendem Wasser zu einer cremigen Konsistenz verrührt werden (Menge: 0,5 kg Kristalle auf 1 bis 1,5 l Wasser).

Reißlack

Mit Reißlack wird eine zarte, haarfein gerissene Oberfläche erzeugt, das sogenannte Krakelee (siehe S. 66–67). Sie können ihn fertig kaufen oder selbst machen. Er besteht aus zwei Teilen: einem Lack auf Ölbasis und einem auf Wasserbasis. Nehmen Sie für den ersten Vergolderleim und für den zweiten Gummiarabikum (siehe links), dem ein Tropfen Geschirrspülmittel zugefügt wird, damit er nicht aufbricht.

Französischer Emaillack

Um die erforderliche Intensität zu erreichen, mischen Sie 0,5 l gebleichten Schellack mit 1 Eierbecher alkohollöslicher Holzbeize.

Traditioneller Gesso

Gesso (siehe S. 144) wird zur Herstellung eines glatten Vergoldergrundes in Schichten aufgetragen. Wenn er auf Hasenleim basiert, wird er warm appliziert. Er härtet schnell zu einem festen Gelee und ermöglicht so einen raschen Schichtenaufbau. Bei der Anwendung von warmem Gesso wird die sich bildende Haut entfernt und etwas Wasser hinzugefügt.

Benötigtes Material

50 g Hasenleimpulver
0,35 l kochendes Wasser
250 g Schlämmkreide

Das Leimpulver ins Wasserbad geben und unter Rühren langsam das kochende Wasser dazugießen, bis alles aufgelöst ist. Dann ein Drittel bis Hälfte der Schlämmkreide einsieben, bis sich eine dicke Streichmasse ergibt.
Grobkörniger Leim wird zuvor über Nacht in 0,35 l kaltem Wasser eingeweicht. Dieser quillt zu einer geleeartigen Masse auf, die dann im Wasserbad erhitzt wird.
Gesso kann mit Farbpulver getönt werden; die traditionellen Gessofarben sind Rot und Gelber Ocker.

Moderner Gesso

Moderner PVA-Gesso hat genau die Eigenschaften von Hasenleim-Gesso, trocknet jedoch langsamer. Ich bevorzuge diesen vor dem kommerziellen Acryl-Gesso, der schwer zu schaben und zu polieren ist.

Benötigtes Material

50 g PVA
80 ml Wasser
Schlämmkreide

Verdünnen Sie PVA im Verhältnis 1:1 mit Wasser, und vermischen Sie alles gut. Dann die Schlämmkreide einsieben, bis eine dicke, streichfähige Masse entsteht.

Gessofarbe

Diese aus Farbpulver und Gesso bestehende Farbe kann bei der Grisaille-Technik (siehe S. 118–119) anstelle von Emulsionsfarbe verwendet werden. Folgen Sie dem Rezept für traditionellen Gesso; statt reiner Schlämmkreide verwenden Sie jetzt jedoch eine Mischung aus Schlämmkreide und Farbpulver (Verhältnis 1:3). Nach dem Trocknen kann Gesso mit Bienenwachspolitur und feiner Stahlwolle poliert werden.

Leimfarbe

Diese alte, noch immer im Handel erhältliche Farbe ermöglicht einen Feuchtigkeitsdurchtritt. Sie eignet sich also in alten, möglicherweise feuchten Häusern gut als Wandanstrich. Im folgenden ein einfaches Rezept.

Benötigtes Material

10 kg Schlämmkreide
4,5 l Wasser
Farbpulver (oder Universalabtönpaste)
Warmer Hasenleim (siehe Traditioneller Gesso) oder PVA

Sieben Sie die Schlämmkreide ins Wasser, bis sich eine Spitze über der Wasseroberfläche bildet. Über Nacht einweichen. Am nächsten Tag die obersten fünf Zentimenter klares Wasser abschöpfen. 5 bis 10 Prozent Leim zugeben. Mit in Wasser gelöstem Farbpulver oder Universalabtönpaste anfärben.

Weißwachs

Weißwachs wird zum Aufhellen von offenporigem Holz (siehe S. 58–59) und zur Antikisierung von Stuckgips (siehe S. 70–71) verwendet. Es ist überall erhältlich, jedoch auch billig und leicht selbst herzustellen.

Benötigtes Material
1 Dose Bienenwachspolitur
Titanweiß Farbpulver

Die Bienenwachspolitur behutsam im Wasserbad erhitzen, bis sie flüssig ist. Etwa ein Drittel Titanweiß dazugeben und verrühren. In einen Behälter gießen und fest werden lassen. Vorsicht: Bei Überhitzung entstehen hochgiftige Dämpfe!

Weißwachspaste

Wenn die zu behandelnde Oberfläche gefirnißt werden muß, nehmen Sie Weißwachspaste anstelle von Weißwachs. Entfernen Sie mit einem feuchten Tuch alle Rückstände auf der Oberfläche.

Benötigtes Material
1 EL Titanweiß Farbpulver
0,5 l Wasser
Warmer Hasenleim (siehe Traditioneller Gesso) oder gelöstes Gummiarabikum (siehe Flüssiges Gummiarabikum)

Das Titanweiß mit Wasser gut zu einer cremigen Konsistenz verrühren. Pro halben Liter dieser Mixtur 6–7 EL Hasenleim (im Wasserbad erwärmt, siehe Traditioneller Gesso) oder 3–4 EL flüssiges Gummiarabikum dazugeben.

Herstellung wäßriger Anstriche

Verdünnte Anstriche zum Farbtünchen und Farblasieren auf andersfarbigen Grundanstrichen werden auf unterschiedliche Weise hergestellt. Die folgenden drei Rezepte gelten für die in diesem Buch verwendeten Techniken. (Siehe auch S. 46–51.)

Emulsionsanstrich

Diesen vielseitigen, dünnen Farbauftrag benütze ich am meisten.

Benötigtes Material
Emulsionsfarbe
Wasser

Die zu verdünnende Volltonfarbe in einen Eimer geben. Mit etwas Wasser glattrühren.
Verdünnen Sie zum Farbtünchen 1 Teil Farbe mit 1 bis 10 Teilen Wasser. Notieren Sie sich das gewählte Mischungsverhältnis. Das ist besonders wichtig bei großflächigen Arbeiten, denn Emulsionsanstriche entmischen sich und müssen täglich neu auf dieselbe Stärke gemischt werden.

Wäßriger Anstrich

Dieser Anstrich kann nach dem Auftrocknen mit einem feuchten Pinsel oder Schwamm weiterbearbeitet werden, braucht aber einen Schutzfirnis, da er nicht abriebfest ist.

Benötigtes Material
Farbpulver
Wasser

Die Farbe mit etwas Wasser zu einer cremigen Konsistenz verrühren. Grob geschätzt, reichen 3 EL Farbpulver vermischt mit 1 Liter Wasser zum Farbtünchen eines Raums. Die Farbe beim Verarbeiten ständig rühren.

PVA-Anstrich

Für kleinflächige Anstriche nehmen Sie statt Farbpulver vielleicht Schreibtinte, Künstleracrylfarben oder Gouache, was für größere Flächen allerdings zu teuer ist.

Benötigtes Material
Farbpulver
PVA oder Hasenleim (siehe Traditioneller Gesso)
Wasser

Die Farbe mit etwas Wasser zu einer cremigen Konsistenz verrühren. 5 bis 10 Prozent Leim als Bindemittel dazugeben. (Bei warmem Hasenleim mischen Sie die Farbe in warmem Wasser an, damit der Leim nicht zu schnell abkühlt und geliert.)
Diese Mixtur zur erforderlichen Konsistenz verdünnen: für Farbtünche oder Halbtöne in der Grisaille- und Trompe l'oeil-Technik etwa 8 Teile Wasser.
Je dünner die Farbe, desto schneller setzt sich das Farbpulver ab. Sie müssen also beim Arbeiten ständig rühren.

Färbemittel

Die folgenden Rezepte erklären, wie die verschiedenen Malmittel anzufärben sind – eine hilfreiche Malerpraxis.

Anfärben von Emulsion

Verwenden Sie Farbpulver, Künstleracrylfarben, Gouache oder Universalabtönpasten.

Benötigtes Material
Farbpulver, Künstleracrylfarben, Gouache oder Universalabtönpasten
Wasser
Emulsionsfarbe

Als erstes die Farbe in etwas Wasser verrühren. Bei Verwendung von Universalabtöner diesen zuerst mit ein wenig Emulsion vermischen, und zwar höchstens 1 EL Abtöner auf 5 EL Emulsion; andernfalls trocknet der Anstrich nicht korrekt. Dieses Gemisch gründlich in die Emulsionsfarbe einrühren, so daß die Farbe gleichmäßig verteilt wird.

Anfärben von transparenter Öllasur

Bei der Farbauswahl ist zu bedenken, daß die Lasur drei bis vier Monate nach dem Auftrag leicht zu gilben beginnt. Rot zieht beispielsweise mehr ins Orange, und Blaßblau wird zu Grün. Vermeiden Sie deshalb Öllasuren in hellen Farben, oder ersetzen Sie die Lasur durch einen Anstrich auf Wasserbasis. Eine Möglichkeit, den gelben Schimmer auf Lasuren oder Lacken zu vermeiden, ist, ein oder zwei Tropfen weißer Eierschalenfarbe zur Tönung zu geben. Die unten angegebenen Mengen variieren je nach Färbevermögen der Farbe (siehe S. 148–151).

Benötigtes Material
Etwa 7–10 cm aus der Tube gedrückte Künstlerölfarbe
Terpentin
0,5 l Öllasur

Die Farbe in einen Behälter drücken. Etwas Terpentin zum Verdünnen hinzufügen und mit dem Pinsel gut zu einer glatten Mixtur verrühren. Die Lasur dazugeben und die Farbe gleichmäßig verteilen. Geringste Pünktchen nicht aufgelöster Farbe bilden beim Ausstreichen grelle Streifen.

Anfärben von Firnis, Eierschalenfarben, Glanzlack

Siehe Anfärben von transparenter Öllasur (oben); hier wird die Lasur durch Firnis (Polyurethan- oder Öllack), Eierschalenfarbe oder Glanzlack ersetzt.

Anfärben von Putz

Vor dem Auftragen auf die Wand kann weißes Gipspulver mit Farbpulver vermischt werden. Manche Pigmente sind nicht alkalibeständig und verblassen binnen weniger Monate, weil Gips Kalk enthält. Wählen Sie also alkalibeständige Pigmente (siehe Tabelle S. 148–151).
Für eine schöne Pergamentfarbe werden etwa 75 bis 150 g Terra di Siena natur auf einen Eimer weißes Gipspulver gerechnet. Dann den gefärbten Gips nach Vorschrift des Herstellers mit Wasser mischen.

Tips und Ratschläge

Die in diesem Buch verwendeten Materialien werden Ihnen zum Teil bekannt sein, zum Teil aber auch nicht. Deshalb erhalten Sie hier einige Ratschläge zum Kauf und zur Lagerung der Produkte sowie spezielle Tips zur Behandlung gestrichener Oberflächen.

Schutzanstriche

Firnis schützt jeden dekorativen Anstrich; besonders empfiehlt er sich jedoch bei Lasuren und wäßrigen Anstrichen von hoher Empfindlichkeit. Bei der Auswahl der Firnisart (die Tabelle auf S. 152–155 gibt eine Übersicht der Eigenschaften und Verwendungszwecke verschiedener Firnis- und Lackarten) sollten Sie berücksichtigen, welcher Beanspruchung die Oberfläche ausgesetzt ist und welchen Zweck die zu schützende Farbe erfüllen soll.
Allzweck-Öl- und Polyurethanlacke erreichen das höchste Maß an Strapazierfähigkeit und Wasserdichtigkeit. Sie sind gut geeignet als Endanstrich für Badezimmer, Küche und alle Bereiche, die von Kindern und Tieren aufgesucht werden.
Transparente Öllasuren nehmen nur Öllacke an, während Anstriche auf Wasserbasis, wie Emulsionen oder selbstgemachte dünne Anstriche, Schutzanstriche sowohl auf Öl- als auch auf Wasserbasis akzeptieren, einschließlich Acrylharzlack und verdünntem PVA (schützt zwar, ist aber nicht wasserfest).

KAUFEN UND LAGERN DES MATERIALS

Großeinkäufe sind meist lohnend. Viele Produkte lassen sich bei korrekter Lagerung über Monate, wenn nicht sogar Jahre aufheben. In Einzelfällen gelten besondere Lagerbedingungen, doch allgemein gilt: trocken, dunkel und durchschnittlich temperiert; also nicht in Schuppen, die nicht frostgeschützt sind. Hierzu finden Sie nachfolgend einige Tips.

Gelierfähiger Leim
Solche Leimarten, zum Beispiel Hasen- oder Knochenleim, sind im 1/2- bis 5-kg-Beutel erhältlich. Ihre Lebensdauer ist unbegrenzt, wenn sie als Pulver oder Granulat trocken und insektenfrei aufbewahrt werden. Sobald sie mit Wasser vermischt sind, halten sie nur einige Tage. Rühren Sie deshalb nur die jeweils benötigte Menge an.

Blattgold und Metallpulver
Der Preis für echtes Blattgold richtet sich nach dem Karatgehalt. Reines, 22karätiges Gold wird nie matt, aber holländisches Blattmetall (unechtes Gold) wird sogar in dem Buch, in dem es geliefert wird, nach einigen Jahren stumpf. Lackieren Sie holländisches Metall nach der Verwendung, damit es nicht oxidiert und matt wird. Metallpulver gibt es in kleinen Töpfchen und Beuteln bis zu 1/2 kg. Es sollte ebenfalls lackiert werden, um ein Stumpfwerden zu verhindern. Zur Lagerung siehe »Farbpulver«.

Farbe und Lack
Verschließen Sie Farb- und Lackdosen fest mit intakten Deckeln, und lagern Sie sie auf dem Kopf. Das führt zu einer Hautbildung am Dosenboden. Vor Wiederverwendung die Haut entfernen und gut durchrühren oder -schütteln. Aber nicht jeder Lack darf geschüttelt werden, da sich Luftblasen bilden können, die sich beim Ausstreichen zeigen. Nur bestimmte Pinsel für den Lack verwenden, da Lack in anderen Pinseln getrocknete Farbrückstände lösen und das Finish verderben kann.

Gips
Gips muß unbedingt trocken lagern. Allerdings ist die Haltbarkeit begrenzt, auch wenn Sie noch so sorgsam sind. Nach wenigen Monaten nimmt er Feuchtigkeit auf, wird körnig und damit unbrauchbar. Schon nach wenigen Wochen benötigt der Gips eine längere Trocknungszeit.

Farbpulver (einschließlich Schlämmkreide)
Kleine Mengen werden in Döschen, größere Mengen von 1/2 kg und mehr gewöhnlich in Beuteln verkauft. Lagern Sie Farb- und Metallpulver in luftdichten Behältern mit Schraubdeckeln an einem trockenen Platz. Da diese Pulver giftig sind und nie eingeatmet werden sollten, heben Sie sie vorsichtig mit einem Löffel heraus (niemals schütten). Behälter mit Schnappverschluß sind zu vermeiden, da sie das Pulver beim Öffnen aufwirbeln.

Schellack
Schellack ist in 1/4-l- bis 5-l-Flaschen erhältlich und kann etwa ein Jahr lang gelagert werden. Da er bei niedrigen Temperaturen verdampfenden Brennspiritus enthält, dickt er an der Luft binnen weniger Stunden ein. Er kann jedoch mit Brennspiritus wieder verflüssigt werden.

Schablonen
Schablonen werden am besten flach zwischen Papierblättern aufgehoben, damit sich die Muster nicht ineinander verfangen und reißen.

Transparente Öllasur
Sie wird, wie Farbe, in Dosen von 1/2 l und mehr angeboten. Verschiedene Markenprodukte sehen im Behälter farblich leicht unterschiedlich aus, was jedoch die Verarbeitung nicht beeinflußt. Die Haltbarkeit beträgt etwa ein Jahr.

Wachse
Wachse und Wachspolituren härten manchmal auch in der ungeöffneten Dose. In einem Wasserbad können sie bei sehr schwacher Hitze wieder weich gemacht werden. Anschließend etwas frisches Terpentin untermischen.

Perfekte Abschlüsse

Geben Sie gefirnißter Malarbeit durch mehrfachen Lackauftrag ein perfekt glattes Finish; schleifen Sie die einzelnen Schichten mit einem Schleifpapier der Körnung 220 leicht ab.
Wenn die letzte Schicht ganz durchgetrocknet ist, reiben Sie die Oberfläche mit extrafeiner, in Bienenwachs-Möbelpolitur getauchte Stahlwolle ein, als wollten Sie ein Möbelstück polieren. Dies wird alle kleinen Unebenheiten und Körnungen ausgleichen und eine wunderschön seidige und schimmernde Oberfläche ergeben – frei von Dellen, winzigen Staubpartikelchen und Körnchen, die sich oft in trocknendem Lack ansammeln. Nach zehn Minuten mit einem Staubtuch polieren. Diese Methode eignet sich besonders für Spezialeffekte, beispielsweise um dem imitierten Material Marmorglanz zu verleihen.

Neugestaltung von Oberflächen

Standardfarben wie Glanzfarben oder Emulsionen können abgeschliffen oder abgewaschen und neu gestrichen werden. Lackierte Oberflächen müssen abgeschliffen oder mit Abbeizmittel vollständig vom Lack befreit werden. Mit Weiß- oder Antikwachs eingewachste Oberflächen sind zeitaufwendiger. Die Fläche wird zuerst mit Terpentin, dann mit Reinigungsmittel und Wasser abgerieben; erst danach kann geschliffen werden.
Transparente Öllasur kann abgeschliffen und dann mit einem Zwischenanstrich auf Ölbasis versehen werden, dem ein öliger oder wäßriger Lasur- bzw. Farbanstrich folgt. Diese mühsame, zeitraubende Arbeit lohnt indes nur bei kleineren Flächen wie Wandsockel oder Möbel (und das Finish ist nicht ganz makellos). Um die Wände zu lasieren, sollten Sie sie mit Tapetenunterpapier auskleiden, das dann vor der Neugestaltung einfach abgenommen wird.

Umweltfreundlich dekorieren

Das Thema Umwelt berührt inzwischen alle Bereiche der Dekoration. Am Pro und Kontra der tierischen oder chemischen Produkte scheiden sich die Geister. Es gibt Leute, die Produkte mit Leimen tierischer Herkunft ablehnen, obwohl diese biologisch abbaubar sind. Synthetischer Leim wie PVA dagegen enthalten chemische, biologisch nicht abbaubare Stoffe.
Nicht alle Farbsprays enthalten FCKW, aber viele Sprays setzen umweltschädliche Dämpfe frei. Achten Sie beim Kauf darauf, daß die Farben auf dem Behältnis als FCKW-frei und umweltfreundlich ausgewiesen sind.
Manche Pinsel enthalten Borsten tierischer Herkunft. Dachshaarpinsel werden aus Dachshaar chinesischer und asiatischer Provenienz gemacht. In vielen Ländern zählt der Dachs jedoch zu den geschützten Arten. Zum Vertreiben von Lasuren verwende ich daher den Chinaborsten- anstelle des Dachshaarvertreibers. Nur beim Aquarellieren bleibt der Dachshaarvertreiber allen anderen Pinseln überlegen.

Entsorgung von Farben und Lösungsmitteln

Viele Farben und Lösungsmittel zersetzen sich in Wasser nicht. Deshalb dürfen Lösungsmittel (außer Brennspiritus und Wasser) und Farben mit Lösungsmitteln nicht über den Abfluß entsorgt werden. Schütten Sie diese Mittel stattdessen in alte leere Farbkübel, die Sie außen nach dem Inhalt kennzeichnen. Mischen Sie nie verschiedene Lösemittelarten, und benützen Sie nie alte Lebensmittelbehälter. Das allein kann bereits zu fatalen Mißverständnissen führen, und obendrein haben einige Lösemittel die Fähigkeit, das Behältnis selbst aufzulösen, was ebenfalls schlimme Folgen haben kann. Den Deckel immer fest verschließen und das Ganze außer Reichweite von Kindern lagern.
Zur Entsorgung dieser Abfälle wenden Sie sich an die zuständigen Behörden.

MENGENANGABEN

Diese können nie ganz genau sein, da die benötigte Menge von der Großzügigkeit Ihrer Malweise, der Saugfähigkeit des Untergrunds und von der Witterung abhängt (bei Wärme verdunstet Farbe, so daß Sie mehr verbrauchen). Die Angaben in der Tabelle (unten) geben einen ungefähren Anhaltspunkt für die erforderliche Farb- oder Firnismenge pro Wandauftrag in einem Raum mit 4,5 x 4,5 m Bodenfläche und 3 m Höhe, das heißt einer Gesamtwandfläche von 60 m^2. Die benötigte Anstrichmenge hängt auch von der gewünschten Verdünnung ab.

Anstrichart	Liter
Grundierer	7,5
Zwischenanstrich	7,5
Emulsion	7,5
Lack	5
Eierschalenfarbe	7,5
Glanzfarbe	7,5
Lasur	2
Wäßriger Anstrich	1–2
Leimfarbe	7,5

Pasten und Pulver werden für Spezialabschlüsse bei kleinen Dekorationsgegenständen, Möbeln und Vertäfelung verwendet.

ANTIKWACHS
Für eine durchschnittliche Kommode: Eine 500-g-Dose Bienenwachs-Möbelpolitur, etwa 250 g Pulver zum Mischen (entweder Farbpulver, Fullererde oder Tripel).

WEISSWACHS
Für eine durchschnittliche Kommode: Eine 500-g-Dose Bienenwachs-Möbelpolitur und höchstens 500 g Titanweiß Farbpulver.

METALLPULVER
100 g reichen zur Vergoldung eines durchschnittlichen Lampensockels.

Glossar

Ablaugmittel Alkalische Verbindung zum Reinigen und Ablösen von Farbe.
Abnutzung Künstlich herbeigeführter Verschleißprozeß einer Oberfläche, um den Eindruck des Alters zu erzeugen.
Adam, Robert (1728–1792) Schottischer Architekt, Designer und eine der führenden Persönlichkeiten der klassizistischen Bewegung in der britischen Architektur.
Alteffekt Vielzahl von Verschleißtechniken zur Erzeugung von Verbrauchsspuren auf neuer Farbe, Holz, Plastik oder Stuckgips.
Anilinfarbstoff Synthetisches Pigment in manchen Farben und Lacken.
Anthemion Schmuckfries. Geißblatt- oder Lotusblütenmotiv bzw. fächerförmiges Blattdesign.

Anthemion mit Lilienblattumrandung

Antikeffekt Dekorationstechnik, die bemalten Oberflächen den Anschein der Alterung gibt, also die Entfärbung durch Schmutz und Staub nachahmt.
Arabeske Stilisiertes Rankenornament, urprünglich auf arabischen Gemälden entdeckt, mit ineinander verschlungenen Blatt-, Blüten- oder Tierformen bzw. rhythmischem Design.
Architrav Tragender Balken. Zierrahmen um Türe, Bogen, Fenster oder Wandpaneele.
Armoire Großer, zweitüriger und für gewöhnlich verzierter Schrank.
Art deco Kunst- und kunstgewerblicher Stil zwischen 1920 und 1940 (benannt nach der Exposition des Arts Décoratifs von 1925 in Paris). Stark beeinflußt durch Kubismus und zeitgenössischen Industriedesign.
Art nouveau Jugendstil in Frankreich und England. Kunst- und Architekturstil des ausgehenden 19. Jahrhunderts, als Gegensatz zum vorangegangenen Klassizismus.
Arts-and-Crafts-Bewegung Spätviktorianische, durch eine Künstlergruppe initiierte Bewegung, die für eine Erneuerung des traditionellen Künstlertums und vorindustrieller Werte eintrat.
Aztekische Kunst Charakteristisch für die Kunst und Kultur der Azteken, Angehörige eines alten mexikanischen Indianerstammes.

Bakelit Der erste, 1907 patentierte ganz synthetische Industriekunststoff.
Barock Üppiger europäischer Architektur- und Dekorationsstil des 17. und 18. Jahrhunderts. Typisch sind die Blumenmotive, der theatralische Gebrauch von Ornamentik und die pachtvolle Grandeur.
Bauhaus Deutsche Hochschule für Gestaltung während der 20er Jahre, die das Ziel verfolgte, die Kluft zwischen dekorativer Kunst und Ingenieurwesen aufzuheben.
Bekrönender Abschluß Abschließender Teil eines jeden ornamentalen Vorsprungs, zum Beispiel in Form einer Spitze oder Vase, die ein Gebäude oder Möbelstück krönt.
Biedermeierstil Ein Innendekorationsstil, der im frühen 19. Jahrhundert, ähnlich wie das Empire, klassische Elemente wiederzubeleben versuchte. Die Bezeichnung setzt sich aus den Namen zweier fiktiver deutscher Gestalten zusammen.
Bilderschiene Am oberen Ende der Wand entlanglaufende Leiste mit Haken zum Aufhängen gerahmter Bilder.
Blende Leiste zum Kaschieren des oberen Vorhangrandes.
Boucher, François (1703–1770) Französischer Rokoko-Künstler und Designer, dessen Arbeit typisch ist für die höfische Kunst des 18. Jahrhunderts.
Brescia Stadt in der Lombardei, die bekannt für ihren rotbraunen, dort abgebauten Marmor ist.
Brokat Schwerer, prächtiger Seidenstoff mit erhabenen, ursprünglich in Gold- oder Silberfäden gewirkten Mustern.
Byzantinische Kunst Während des 6. Jahrhunderts und später vom 9. bis 11. Jahrhundert in Byzanz (späteres Konstantinopel) blühender Kunststil. Er verband Elemente der altgriechischen, orientalischen und christlichen Kultur.

Cabriole S-förmig geschwungenes Möbelbein (Stuhl, Tisch, Kommode etc.); weitgehend an Stühlen des 18. Jahrhunderts.
Carrara Stadt in der Toskana, berühmt für ihren weißen, grau-geäderten Marmor.
Cézanne, Paul (1839–1906) Führender französischer Maler des Nachimpressionismus, dessen Werk durch sorgfältig plazierte texturierte Pinselstriche in satten Farbtönen gekennzeichnet ist.
Chagrin Für Intarsien benutztes Material (Leder) aus getrockneter Fischhaut.
Chevron Regelmäßige Zickzacklinie, oft in mittelalterlichen Wappenmustern.
Chinoiserie Kunstform des 17. und 18. Jahrhunderts, die eine Verbindung zwischen westeuropäischer Formensprache und chinesischen Motiven herstellte.
Chintz Dichtgewebter, mittelschwerer Baumwollstoff in Leinenbindung, oft mit glänzender Oberfläche und traditionell auf hellem Hintergrund mit Blumenmustern bunt bedruckt.
Clair bois (wörtlich: »helles Holz«) Eine Technik, mit der eine helle, polierte Holzoberfläche imitiert wird.
Cliff, Clarice (1899–1972) Englische Keramikdesignerin, Vertreterin der Art deco.
Composition Gipsartige Masse aus Harz, Leim und Schlämmkreide zur Herstellung von Zierformteilen.
Cooper, Susie (geb. 1902) Britische Keramikkünstlerin der 20er und 30er Jahre.
Cremefarbener Musselin Ungebleichtes, locker gewebtes, feines Baumwoll- oder Wollgewebe.
Cremefarbenes Steingut Irdenes Geschirr von satter Cremefarbe.

Damast Feines Seiden- oder Leinengewebe mit reichlich eingewebten Mustern.
Découpage Dekorationstechnik, bei der Wände und Gegenstände mit Papierausschnitten verziert werden.
Delfter Fayencen Glasiertes Steingut aus Holland, traditionsgemäß in blau-weißer Farbkombination.
Della Robbia Florentische Bildhauerfamilie des 15. Jahrhunderts, die ihre religiösen, blumenbekränzten Terrakottaplastiken und -reliefs mit Zinnglasur überzogen haben.
Drillich Festes Baumwollgewebe mit den typischen engen Rippen.
Druckstock Holzklotz, aus dem eine Zeichnung ausgeschnitten wurde. Zum Drucken von Bildmotiven auf Wände oder Möbel.

Ebenholzimitation Behandlung mit schwarzer Farbe, die das Äußere von Ebenholz nachahmt.
Eckstein Vorspringende Ecke eines Hauses.
Eierstabzierleiste (ionisches Kymation) Oft an gemeißelten Architekturleisten in Form einer Reihe stilisierter ovaler, mit Pfeilspitzen durchwirkter Formen.
Empire Große französische Stilepoche, die dekorative Elemente der Klassik mit ägyptischen und napoleonischen Elementen mischte.
Erdfarben Oxidpigmente, wie Umbra natur, aus verfeinerter Tonerde und Mineralien. Pulverisiert oder flüssig haben diese Erdfarben eine natürliche,

zeitlose Qualität und sind ideal zum Tönen, Mattieren und Antikisieren.

Fahnen-Borsten Schweineborsten mit natürlich gespaltenen Spitzen. Pinsel mit »Fahnen« ergeben einen exzellenten Oberflächenauftrag.
Faltwerktäfelung Eine Form der Holzverkleidung, die so geschnitzt bzw. geformt ist, daß sie Tuchfalten imitiert.
Farbmuster Kleines Stück Karton oder sonstiges Material mit Farbauftrag.
Farbtünche Einfache Technik mit wäßrigem Anstrich zur Erzeugung einer sanft texturierten Oberfläche durch Auftrag mehrerer dünnster Farbschichten.
Fayence Europäischer Dekorstil für weißglasierte, bemalte Tonware.
FCKW Abkürzung für Fluorchlorkohlenwasserstoff, eine umweltgefährdende Substanz, die in Sprays vorkommt.
Fensterflügelrahmen Fenster mit Rahmen, die entweder seitlich, oben oder unten eingehängt sind.
Filigranarbeit Zarte, oft mit feinsten Gold- oder Silberfäden hergestellte Ornamentik oder Flechtwerk.
Flachrelief Reliefform, die sich etwas vom Hintergrund abhebt, mit diesem aber verbunden bleibt.
Flechtwerk Schmale, flexible und ineinander verwobene Zweige.
Fleckenkeramik Keramik, bei der Farbe mit einem Schwamm aufgetragen wurde, um ein fleckiges Muster zu erzeugen.
Fleur de lis Altes französisches Motiv (Königswappen) in Form einer stilisierten Lilie.
Fliegenpünktchen Mit Farbe, getönter Lasur, Lack oder Tinte gesprenkelte Oberfläche, um einen gealterten Eindruck zu erwecken.
Fossilienmarmor Marmor, in dem versteinerte Pflanzen- und Tierformen ein geflecktes Muster ergeben.
Französische Politur (Hochglanzpolitur) Behandlung von Holz mit Möbelpolitur, um eine glatte, hochglänzende Oberfläche zu erhalten.
Fresko Haltbare Wand- und Deckenmalerei, bei der die Wasserfarben direkt auf den noch feuchten Putz aufgetragen werden. Die Technik wurde in der italienischen Renaissance perfektioniert.
Fries Breiter, horizontal am oberen Teil einer Wand verlaufender Streifen, der unabhängig vom übrigen Raum mit Schablonenmustern, Malereien, Tapeten oder Stuckgipsarbeit verziert ist.

Gehrfuge Rechtwinklige Ecke, die sich ergibt, wenn beispielsweise zwei Holzleisten mit je einer Eckschräge von 45 Grad miteinander verbunden werden.
Gescheuerte Kalktünche Eine Maltechnik, die Wänden das Aussehen von gut gescheuerter Kalktünche gibt. Früher entsprach sie einem Außenanstrich.

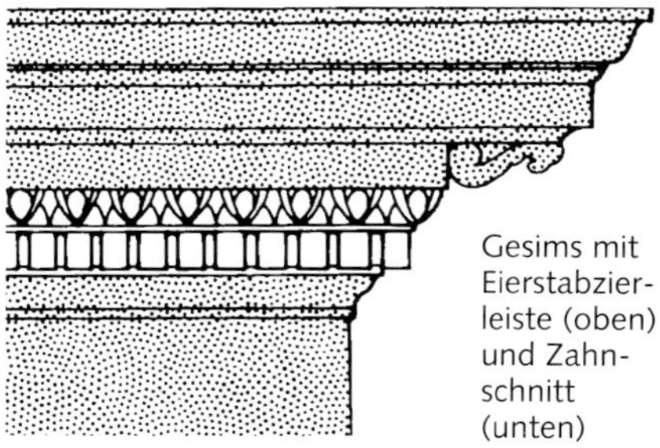

Gesims mit Eierstabzierleiste (oben) und Zahnschnitt (unten)

Gesims Äußerer Wandvorsprung oben an der Wand oder eine Leiste als Übergang von der Wand zur Decke.
Gill, Eric (1882–1940) Englischer Bildhauer, Graveur und Typograph.
Gingham Auch Gingan; kariertes oder gestreiftes Baumwollgewebe, gewöhnlich aus zwei verschiedenfarbigen Garnen gewoben.
Girlande Schmückendes Motiv als dekoratives Gehänge oder Kette von Blättern, Blumen, Früchten.

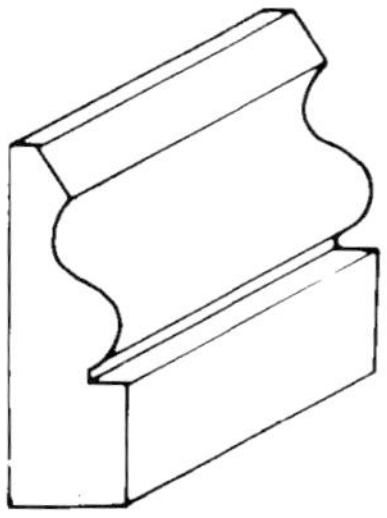

Leiste mit Glockenprofil (S-förmiges Profil)

Glockenleiste S-förmige Zierleiste.
Gothick-Stil Dekorativer englischer Stil des frühen bis mittleren 18. Jahrhunderts in Anlehnung an die überschwenglichen Elemente der mittelalterlichen Gotik, die er ins Zeitgenössische übertrug.
Gotik Architekturstil des 12. Jahrhunderts, der sich von Frankreich aus über weite Teile Westeuropas verbreitete und erst durch die klassischen Elemente der Renaissance abgelöst wurde.
Gotischer Bogen Spitzbogen, typisch für die mittelalterliche gotische Architektur.
Gouache Deckende Wasserfarbe, in der die Pigmente mit Leim oder Gummiarabikum gebunden sind.
Grisaille (Grau-in-Grau-Malerei) Optische Täuschung mit Hilfe einfarbiger Farbschattierungen, wodurch lichte und dunkle Bereiche entstehen, die auf einer zweidimensionalen Fläche die Illusion dreidimensionaler Ornamente oder architektonischer Elemente erzeugt.
Gropius, Walter (1883–1969) Architekt und Designer der Bauhaus-Schule. Von 1919 bis 1928 Direktor der Bauhaus-Schule.

Grünspan Grüner Belag als Resultat natürlicher Korrosion auf Kupfer, Bronze und Messing.

Halbton Jede Farbe, die zwischen einem gegebenen Farbton und Weiß liegt.
Hanfgewebe Lockeres Gewebe aus den Fasern der Hanfpflanze.
Holzmaserung Technik zur Imitation der typischen Maserung verschiedener natürlicher Hölzer.

Ikonenmalerei Byzantinischer Typ der Ölmalerei mit einem vorgeschriebenen Satz von Heiligenbildern auf einer Holztafel.
Intarsien Dekorative Gestaltung glatter Oberflächen wie Möbel. In Hohlmuster werden diverse Materialien wie getönte Hölzer, Metalle oder Perlmutt eingelegt.

Juteleinen (Sackleinen) Einfaches, grobfaseriges Gewebe zur Herstellung von Polstermöbelstoff.

Kaliko Grob gewebter, bedruckter Kattun, ursprünglich aus Indien.
Kalktünche Anstrich aus gelöschtem Kalk und Wasser zum Weißen von Außenwänden; auch weiße Tünche genannt.
Kammzug Technik, bei der die Zähne eines Malerkamms durch eine frische Lasur gezogen werden.
Kandinsky, Wassily (1866–1944) Gebürtiger Russe und expressionistischer Maler, Wegbereiter eines rein abstrakten Kunststils. Er lehrte am Bauhaus bis zu dessen Schließung.
Kartusche Tafel mit Inschriften oder Emblemen, oft in der Trompe-l'œil-Technik.
Karyatide Weibliche Skulptur oder Büste als tragende Stütze für eine Decke oder ein Architrav, Gesims oder Fries über einer Tür oder einem Kamin.
Kaseinfarbe Grundierfarbe für Möbel auf der Basis des Milchproteins Kasein.

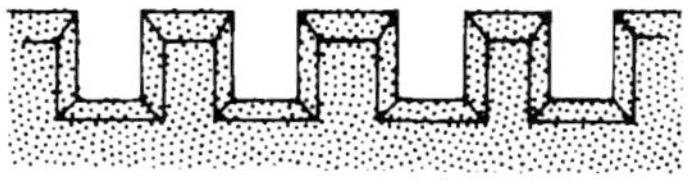

Kastellartige Struktur

Kastellform Durch zinnen- und türmchenartige Muster Ähnlichkeit mit einer Kastellmauer.
Kelim Glatt gewirkter orientalischer Wandteppich mit typisch leuchtenden Farben und auffallendem Muster.
Klassisch Architektonische und dekorativ-stilistische Motive, vorherrschend in der Bauweise der griechischen und römischen Antike.

Klassizistisch Stilrichtung des 18. Jahrhunderts in Anlehnung an die Zeit der Klassik; inspiriert durch die Proportionen und Harmonie der klassischen Architektur.
Klee, Paul (1879–1940) Schweizer Maler, Radierer, in dessen Werk formale und imaginative Elemente den Ausgleich finden.
Kleeblattbogen Zierbogen mit drei kreisförmig angeordneten Bögen; findet sich in der gotischen Architektur.
Kombinationsvergoldung Methode der Vergoldung, die mindestens zwei Techniken kombiniert, wobei der Eindruck entsteht, daß nur die feinere Technik angewendet worden sei.
Komplementärfarben Farbpaare, die sich auf dem Farbenkreis gegenüber liegen. Die Komplementärfarbe jeder Primärfarbe (Rot, Gelb, Blau) ist die Sekundärfarbe, das heißt die durch das Mischen der jeweils beiden anderen entstehende.
Kragstein Vorspringende architektonische, oft aus Stein oder Backstein bestehende Winkelstütze, die ein Gesims oder einen Balken trägt.
Krakelee Dekorative, im 18. Jahrhundert in Frankreich entwickelte Lasur- und Glasurtechnik zur Imitation der feinen, netzartigen Rißbildung auf östlichen Lackarbeiten und Keramiken.

Lackierkunst Ostasiatische Kunst der hochglanzlackierten Oberflächen.
Lalique, René (1860–1945) Designer und Künstler, bekannt für seine Art-nouveau-Glasteile.
Landseer, Sir Edwin Harry (1802–1873) Englischer Maler des Realismus, berühmt für seine Tier- und Landschaftsstudien.
Langley, Batty (1697–1751) Architekt, Möbeldesigner und Autor, teils verantwortlich für eine Wiederbelebung des Interesses an gotischen Spitzbögen und Rosetten.
Lapislazuli Blauer Mineralstein; Verwendung als Edelstein sowie als ultramarinblaues Pigment bekannt.
»Lappentextur« Dekorationstechnik, die sich eines zusammengeknüllten Lappens bedient, um gebrochene Farboberflächen zu erzeugen.
Leimfarbe Leimfarben werden auf der Basis von Wasser und Leim, Kasein oder Ei hergestellt und mit Farbpulvern angefärbt. Sie waren vor Einführung der Emulsionsfarben allgemein verbreitet.
Linkrusta Patentierter Typ von Gußplastik im 19. Jahrhundert.
Lloyd-Loom-Möbel Maschinell hergestellte, fest gewirkte Möbel (besonders Stühle), die der Amerikaner Marshall Lloyd patentieren ließ.

Mackintosh, Charles Rennie (1868–1928) Schottischer Künstler, Architekt und Möbeldesigner, Vertreter der Art-nouveau-Bewegung.
Majolika Mallorquinische Tonware mit dicker und weißen Pigmenten angefärbter Glasur.
Marketerie Dekorative Furniertechnik mit Einlegearbeit aus exotischen Hölzern, Knochen, Metall oder Elfenbein.
Marmorieren Diverse Maltechniken zur Imitation von Marmorarten.
Maske Ausgeschnittene Folie oder Karton zum Abdecken einer Oberfläche und damit als Schutz vor einer Farbschicht.
Mattieren Ölfreies, mattes Finish herstellen.
Maurischer Stil Kunst, Architektur und Kultur der Mauren, die im 8. Jahrhundert in Nordafrika und Südspanien ihre Vorherrschaft festigten.
Mayakultur Unter anderem die charakteristische Kunst und Architektur des alten amerikanischen Indianervolkes.
Memento mori (lat.: »bedenke, daß du sterben mußt«) Gegenstand in Gedenken an die Sterblichkeit der Menschen.
Modernismus Stil der bildenden Künste und des Kunstgewerbes Anfang des 20. Jahrhunderts. Basierend auf der Ablehnung traditioneller zugunsten industrieller und weniger ornamentaler Genres.
Morris, William (1834–1896) Englischer Designer, Maler, Dichter und Vertreter der ornamentalen Kunst. Als führende Figur der Arts-and-Crafts-Bewegung hatte er auch maßgeblichen Einfluß auf die Präraffaeliten.
Mosaik Einlegearbeit aus kleinen Stein-, Marmor- oder Glasteilchen.
Mulltuch Locker gewebtes Baumwollgewebe, ursprünglich zum Abdecken von Käse verwendet.
Musselin Feiner, locker gewebter Baumwollstoff, für Vorhänge, Wandbehänge etc. benützt.

Nachimpressionisten Bezeichnung für eine Gruppe von Künstlern, die sich am Impressionismus des 19. Jahrhunderts orientieren.
Neue Bauhaus-Designerschule Eröffnung in Chicago nach der Schließung der deutschen Bauhaus-Hochschule durch die Nationalsozialisten 1933.

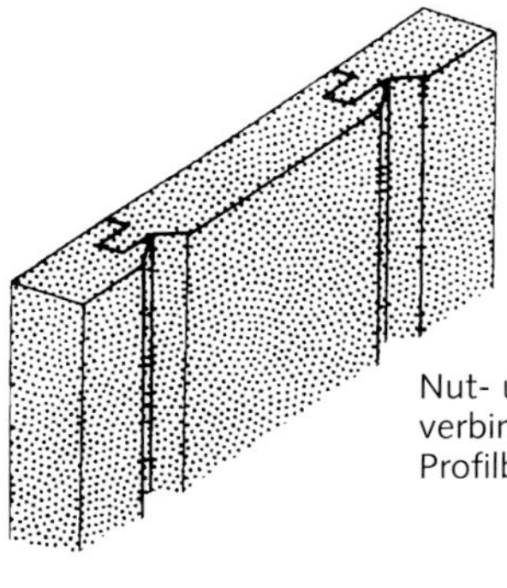

Nut- und Federverbindungen eines Profilbretts

Neugotik Robuster gotischer Stil Mitte des 19. Jahrhunderts, bekannt für seine düstere Authentizität und Entfaltung mittelalterlichen Pomps.
Nut- und Federverbindung Verbindung zwischen zwei Brettern durch die vorstehende Feder an der Kante des einen, die sich genau in die Nut des anderen Brettes einpaßt.

Obelisk Pyramidenförmig spitz nach oben zulaufendes Steinmomument.
Odeon-Wandlampen Schalenförmige Art-deco-Glaslampen in britischen Odeon-Kinos.
Onyx Dekorativer marmorierter Halbedelstein.
Orientalist Mitglied einer viktorianischen Bewegung von Designern und Künstlern mit Schwerpunkt orientalisches Design und Motive.
Ormolu Verzierung aus gegossener, industriell vergoldeter Metallegierung.

Paneelleiste Leiste mit schmalen, flachen, vertieften bzw. erhabenen Feldern.
Pappmaché Durch Aufweichen von Altpapier und Zugabe von Leim sowie etwas Gips/Ton hergestellte leichte, formbare, plastische Masse.
Parkett Getäfelter Fußboden mit schmalen, ein geometrisches Muster ergebendes Holzteilen.
Patina Farblicher und stofflicher Materialbelag als Ausdruck von Alter und Korrosion.
Perlstabverzierung Leiste, die ursprünglich als Perlenkettenverzierung gedacht war und für Einfassungen und Ornamente verwendet wurde.
Pietra serena Marmorartiger Stein, der in der florentinischen Renaissance-Architektur viel verwendet wurde.
Pilaster Flach aus der Wand hervortretender, rechtwinkliger Zierpfeiler.
Pinselkörper Breitester Teil eines Pinselstiels.
Pinselzwinge Metallhalterung zur Festigung des Griffs und der Borsten.
Piranesi, Giovanni Battista (1720–1778) Italienischer Designer, Graveur und Architekt, dessen Hauptwerk eine Serie von Radierungen namens »Le antichitá Romane« enthält.
Porphyr Ins Violett spielendes Ergußgestein mit eingelagerten Feldspatkristallen, die mit der Sprenkeltechnik imitiert werden können.
Portikus Säulenhalle als Vorbau am Haupteingang eines Gebäudes.
Präraffaelitische Bruderschaft Mitte des 19. Jahrhunderts Vereinigung englischer Maler, die eine Reform der Kunst im Sinne der Vorläufer Raffaels anstrebten.
Primärfarben Die Grundfarben Rot, Gelb und Blau, von denen sich alle übrigen Farben herleiten.

Profilbretter Zur Holzverkleidung, bei der lange Holzbretter mit Nut und Feder zusammengehalten werden.

Raku Japanische Formtonware, erstmals im 15. Jahrhundert hergestellt.
Rattan Rotangpalme, die dem aus ihrem Rohr (Peddigrohr) hergestellten Flechtwerk den Namen gab.
Rauchfaß Gefäß, in dem während Kirchenzeremonien über Holzkohle Weihrauch verbrannt wird.
Regency Englischer Dekorationsstil des frühen 19. Jahrhunderts, eine Art Synthese in Anlehnung an antike Vorbilder und typisch englische Dekorationsmotive.
Rokoko Überschwenglicher europäischer Dekorationsstil des frühen 18. Jahrhunderts. Charakteristisch sind die geschwungenen Ornamente, Schnörkelverzierungen und weichen Pastellfarben.
Rötel Bräunlichroter Farbstoff; Gemisch aus Roteisenstein und Ton/Kreide; wird zum Zeichnen verwendet.
Rustika Extravaganter Dekorationsstil des 18. Jahrhunderts mit roh behauenem Außenmauerwerk und Innenstuckgipsarbeiten.

Salzglasur Leicht löchrige Glasur auf Steinzeug (Anflugglasur); dieser Effekt entsteht, wenn das Feuer im Brennofen, in dem die Gefäße gebrannt werden, mit Salz beworfen wird.
Satinholz Teures ostindisches, helles Hartholz mit seidiger Maserung.
Schablonenpapier Geöltes Manilapapier oder starkes Zeichenpapier, aus dem Schablonenformen ausgeschnitten werden.
Schablonenvorlage Aus Papier oder Karton ausgeschnittene Form, die als Vorlage zum Nachschneiden aus diversen Materialien dient.
Schablonieren Dekorationstechnik, die sich einer Schablone zum Aufbringen des gewünschten Bildes auf eine Oberfläche bedient.
Schellackfirnissen Hochwertige Alternativtechnik zum Hochglanzpolieren.
Schwammtupfen Maltechnik, bei der mit einem feuchten Schwamm ein fleckiges Aussehen erzielt wird.
Serpentinmarmor Dunkelgrün oder braun gemusterter Stein mit Äderung.
Sèvres-Porzellan In der französischen Stadt Sèvres hergestelltes, von 1760 bis 1815 in Europa tonangebendes Porzellan.
Shaker Bezeichnung einer 1747 in den USA gegründeten Sekte. Der Name bezieht sich auf den ekstatischen Zustand während ihrer Rituale. Funktionales, schmuckloses Design kennzeichnet ihre Möbel.
Sienaerde (Terra di Siena) Gelbbraunes Pigment, das nach der italienischen Stadt Siena benannt wurde.
Sienamarmor Gelbfarbener, aus Siena stammender Marmor mit Äderung.
Sisal Robuste Faser zur Herstellung von Fußbodenbelägen und Seilen.
Soane, Sir John (1753–1837) Englischer Architekt, dessen Innendekorationen den Einfluß der römischen und byzantinischen Architektur zeigten.
Sockelleiste Vorspringende horizontale Leiste, traditionsgemäß in Hüfthöhe verlaufend und den Wandsockel vom oberen Teil der Wand abtrennend.
Sockeltäfelung Meist Holzvertäfelung der unteren Wand.
Spektralfarben Regenbogenfarben, wenn Licht in seine Bestandteile aufgelöst wird.
Spitzbogen Typischer gotischer Bogen; populär im Gothick-Design des 18. Jahrhunderts.
Sprenkeln Dekorationstechnik, bei der ein Pinsel in Farbe, Tinte, Lasur oder Lack getaucht und gegen ein Stöckchen geschlagen wird, so daß Farbpünktchen auf die gewünschte Oberfläche fliegen.
Stuck Feines gipsartiges Material sowohl für Außenmauerwerk als auch zur Verzierung von Innenwänden und Decken.
Stuckgips Standardgips für Innenwände, zum Ausbessern von Oberflächen und zur Herstellung von Stuckleisten.
Stupfen Technik der Oberflächenbearbeitung mit einem Stupfpinsel oder einer Stupfbürste zur Erzielung einer fein gemusterten Struktur.

Täuschungseffekte Mit bestimmten Techniken erzielte Oberflächen, die anderes Material imitieren, zum Beispiel Marmor (unechter Marmor) oder Holz (unechtes Holz).
Terra verde Grüne Erde, eine Erdfarbe.
Terrakotta Gebrannter Ton.
Torus (Wulst) Konvexe, im Querschnitt halbrunde Form, die sich als Fußleiste, Zierleiste, Perlstabverzierung und Basis der klassischen Säule findet.

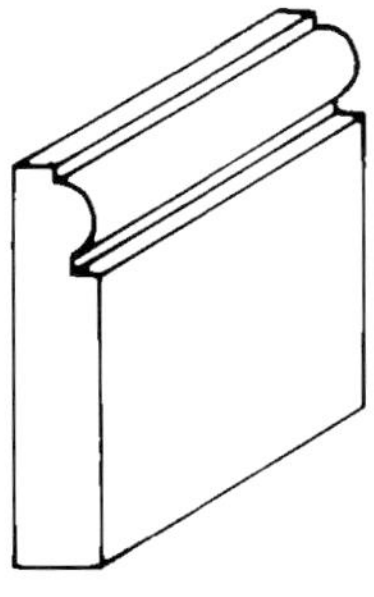

Wulstrand an einer Fußleiste

Trikotstoff Maschinengestrickter oder gewirkter Stoff.
Trockenpinseln Maltechnik mit relativ trockener Borstenoberfläche eines Pinsels, um einen wolkigen Effekt zu erzielen oder mit Farbe Glanzlichter auf eine texturierte Oberfläche zu setzen.
Trockenstoffe Sogenannte Sikkative, chemische Stoffe zur Verkürzung der Trocknungszeit von Ölen.
Trompe l'oeil Optische Täuschung, Illusionsmalerei wie beispielsweise Grisaille.

Übertopf Ein verzierter Behälter für Blumentöpfe.
Uplight Oft an Wänden angebrachte Lampe, die Licht nach oben an den oberen Teil der Wand und die Decke abgibt.

Vergoldung Technik der Goldeinfärbung von Oberflächen mit Hilfe von Blattgold oder Goldfarbe.
Vignette Kleine, zierliche Skizzen ohne Umrandung.
Viktorianischer Eklektiker Person, die der Überzeugung ist, daß sich Kunst und Innendekoration aus einer Reihe verschiedener Stile zusammensetzen sollte.
Vorhangschlaufe Ein kürzeres Stück Band, Kordel oder Metallspange, um einen Vorhang seitlich am Fenster zurückzubinden.
Voysey, Charles Francis (1857–1941) Von William Morris beeinflußter englischer Designer, jedoch mit leichterem Stil.

Wandleuchter Wandhalterung für Kerzen oder Leuchten.
Wandsockel Unterer Teil der Wand zwischen Sockelleiste und Fußboden.
Wasserbad Im Wasserbadtopf langsam erhitzte Substanzen; auch wichtig bei der Gessoherstellung.
Wäßriger Anstrich Dünner, selbstgemachter Anstrich oder verdünnte Fertigfarbe wie beispielsweise Emulsion. Traditionell als Farbtünche bekannt, da sie durch Anfärben der Kalktünche hergestellt wurde.
Weißwachsen Dekorative Technik, bei der Weißwachs in die Maserung von blankem Holz eingerieben wird und dort weiße Pigmente zurückläßt, die ein weiches Finish ergeben.
Wright, Frank Lloyd (1867–1959) Amerikanischer Architekt und Möbeldesigner, der eine moderne Mode für dynamische, eckige Formen entwickelte.

Zahnschnitt Zierleiste, bei der sich rechteckige Zacken in gleichen Abständen wiederholen und die meist unter einem klassischen Gesims verläuft.
Zikkurat Pyramidenförmiger Architekturstil mit abgestuften Seiten, weitverbreitet in der Art deco.
Ziselierte Pinselspitze Borstenform eines Malerpinsels, die seitlich vorne durch häufigen Gebrauch abgeschrägt ist und damit zu einem verbesserten Farbauftrag führt.
Zugtechnik Technik, einen langhaarigen Pinsel durch nasse transparente Öllasur oder Leimfarbe zu ziehen und damit eine Reihe feiner Linien auf Wänden oder Möbeln zu erzeugen.

Literatur- und Adressenempfehlungen

Allgemeine Bemerkung
Wie Crown Berger und F. A. Heffer (siehe Malerwerkzeuge und -materialien) haben uns auch auf den Seiten 166–169 aufgeführte Lieferanten freundlicherweise Material zum Fotografieren zur Verfügung gestellt. Firmen mit Versandservice sind mit dem Zeichen # ausgewiesen.

ALLGEMEINE BEZUGSQUELLEN

Künstlerbedarfsgeschäfte
Das folgende Material ist gewöhnlich in guten Künstlerbedarfsgeschäften erhältlich: Künstleracrylfarben, Künstleracryllacke, Künstlertinten, Künstlerölfarben, Künstlermalpinsel, Knochenleim, Cuttingmesser, Vergolderleim, Gouache, Gummiarabikum, Metallfarben, Modellier-Emaillacke, Palettenmesser, Plakatfarben, Hasenleim, Künstlerskalpelle, Unterrichtspulver (ungiftig, aber nicht so intensiv wie Farbpulver), Schellack, Sprayfarben, Schablonen- oder Manilapapier, Universalabtönpasten, Wachsstifte, Schreibtinten.

Heimwerkergeschäfte
In der Regel kann man die folgenden, in diesem Buch verwendeten Materialien in guten Heimwerkerläden kaufen: Bienenwachs-Möbelpolitur, Knopfpolitur, Staubmaske (Papier), Abstaubpinsel, Eierschalenfarbe, Emulsionsfarbe, EVA, Spachtelmasse, Vergolderleim, Hammerschlag-Emaillack, Astlack, Abdeckband, Trikotstoff, Öllacke, Farbkübel, Maleranstreichpinsel, Gips, Polyurethanlack, Grundierer, Schutzbrillen, Schutzhandschuhe, Sand, Einlaßgrundiermittel, Schleifpapier, Spachtel, selbstklebendes Bleiband, Schellack, Weichtextur-Anstriche, Lösungsmittel, Schwämme, Spritzlacke, Kellen, gebleichter Schellack, Drahtbürsten, Stahlwolle.

Drogerien
Drogerien verkaufen oft Fullererde und Naturschwämme.

Deutschsprachige Werke und Bezugsquellen (eine Auswahl)

Bücher

Doerner, M.
Malmaterial und seine Verwendung im Bilde, Ferdinand Enke Verlag, Stuttgart 1985

Guild, T.
Farbberatung Wohnen, Dekorieren und Einrichten mit edlen Textilien, Augustus Verlag, Augsburg 1994

Handbuch der Maler- und Lackierpraxis, Bd. 1, Verlag Callwey, München 1986

Innes, J.
Die neue Zauberei mit Farben, DuMont Buchverlag, Köln 1993

Innes, M.
Wohnen im ländlichen Stil, Restaurieren, Dekorieren, Einrichten, Christian Verlag, München 1990

Lexikon der Anstrich-Technik
Bd. 1 Grundlagen, Bd. 2 Anwendung, Verlag Callwey, München 1987/1985

Maierbacher, I.
Schablonieren – 140 historische Vorlagen zur individuellen Raumgestaltung, Verlag Callwey, München 1995

Reclams Handbuch der künstlerischen Techniken
Bd. 2 Wandmalerei - Mosaik, Philipp Reclam jun., Stuttgart 1990

Reclams Handbuch der künstlerischen Techniken
Bd. 3 Glas, Keramik und Porzellan, Möbel, Intarsie und Rahmen, Lackkunst, Leder, Philipp Reclam jun., Stuttgart 1986

Rottländer, H.
Historische Techniken des Malers, Arbeitsanleitung fürs Handwerk und die Denkmalpflege, 3. Aufl., Wirtschaftsverlag NW, Bremerhaven 1990

Schönburg, K.
Wandmalerei – innen und außen, Gestalten mit Öl- und Lackfarben sowie Vergolden, Bauverlag, Wiesbaden und Berlin 1990

Schönburg, K.
Wandmalerei – innen und außen, Gestalten mit wäßrigen Anstrichen, Bauverlag, Wiesbaden und Berlin 1988

Schnaus, E.
Oberflächenbehandlung alter Möbel, Otto Maier Verlag, Ravensburg 1992

Sloan, A./Gwynn, K.
Dekorative Farbgestaltung für Wohnräume mit nostalgischem Flair, Mosaik Verlag, München 1995

Sloan, A./Gwynn, K.
Handbuch der dekorativen Maltechniken, Ravensburger Buchverlag, Ravensburg 1990

Szenasy, S. S.
Neues Wohnen, Moderne Ideen für Einrichtung und Hausdesign, Mosaik Verlag, München 1989

Wehlte, K.
Werkstoffe und Techniken der Malerei, Otto Maier Verlag, Ravensburg 1989

Buchhandel & AdR

Hans Goltz KG, Buchhandlung
Türkenstraße 54
80799 München
Buchhandlung für bildende Kunst, Design und Fotografie

König, Ilka
Feilitzschstraße 26
80802 München
und Haus der Kunst, Prinzregentenstraße 1
80538 München

Siegl, Anton, Fachbuchhandlung
Kirchenstraße 7
81675 München
Literatur über Restaurierung, Konservierung, Denkmalpflege

AdR – Arbeitsgemeinschaft der Restauratoren
Fürstenbergstraße 7
79199 Kirchzarten

Maler- & Künstlerbedarf

Auro
Naturfarben Fachhandel
Preysingstraße 15
81667 München
Natur-Baumarkt, Naturfarben

Bock, Ernst & Sohn
Pinselfabrik
Ansbacher Straße 68
91572 Bechhofen

daVinci
Künstlerpinselfabrik
Gustav-Adolf-Straße 33
90439 Nürnberg

deffner & Johann
Mühläcker Straße 13
97520 Röthlein
Feinste Pigmente, hochwertige Pinsel, Leime, Kreiden, Vergoldermaterialien, Nesselgewebe, Füllstoffe, Werkzeuge und Materialien für alte Techniken, Lösemittel, Acrylate, Lascaux-Restaurierungsprodukte etc.

Farben-Karl
Hohenzollernstraße 39
80801 München
Tapeten, Mal- und Zeichenbedarf, Bilderrahmen

Farben Klotz
Amalienstraße 93
80799 München
Umfangreiches Sortiment an Künstlerbedarf inkl. Pinseln

Farben Uhl
Nordendstraße 36
80801 München
Maler- und Künstlerbedarf; großes, gutes Sortiment

Feustel, Herbert, KG
Pinselfabrik
Postfach 32
91452 Wilhermsdorf

Flamuco GmbH
Industriestraße 13
81245 München
Fachgeschäfte für Wohnen, Werken, Renovieren, Farben, Tapeten, Bodenbeläge

Goya Ölmalerei - Klassiker der Kunst
C.Kreul GmbH & Co. KG
91301 Forchheim
Künstlerfarben- und Maltuchfabrik

Holzland Meyer GmbH
Rudolf-Diesel-Ring 11
82054 Sauerlach
Holzpflege, Wachse und Bleichbeizen

Kremer Pigmente
Barerstraße 46
80799 München
Organische, anorganische Farben, Glasfarben, Metallpulver, Füllstoffe, Lackrohstoffe, Wachse, Kunstharze, Lösemittel, Dispersionen etc., Pinsel, Lampen

LUKAS
Dr. Schoenfeld GmbH & Co. KG
Harffstraße 40
40591 Düsseldorf
Künstlerfarben- und Maltuchfabrik

NATUR-Baumarkt
Preysingstraße 15 (am Gasteig)
81667 München
Naturprodukte für Wohnung und Bau sowie Naturfarben

Noris Blattgold GmbH
Blattgold Spezialfabrik
Rennmühle 3
91126 Schwabach
Auftragsanfertigungen; echtes Blattgold in 25 Farben; Blattsilber, -metalle und alle Vergolderartikel

Rosner, Ludwig, KG
Luisenstraße 22
81679 München
Ostendstraße 62
90482 Nürnberg
Lasuren, Lacke, Beizen, Wachse für den Möbel- und Innenausbau

Schmincke & Co.
Otto-Hahn-Straße 2
40699 Erkrath
Feinste Künstlerfarben und Malgründe

Signum
Kreuzlingerforststraße 18
Postfach 1252
82131 Gauting
Künstler- und Restauratorenbedarf

Wasner, Wilhelm
Blattgold GmbH
Wallenrodstraße 8–10
91126 Schwabach
Blattgold, Blattsilber aus eigener Herstellung; Werkzeuge und Materialien zur Vergoldung

XYLO GmbH
Schleißheimerstraße 139
80797 München
Künstlermaterial, Grafikermaterial-Service

Dekorationen & Restaurierung

Adams-Fachwerkstatt
Schellingstraße 24
(im Blumenhof)
80799 München
Restaurierung antiker Möbel, alte Hölzer und Furniere auf Lager

AnticDeco
Kapuzinerstraße 37
80469 München
Antiquitätenzubehör, Restaurierungsbedarf

Brigl, G.
Warngauer Straße 45
81539 München
Kirchliche Kunst, Gemälde, Rahmen, Skulpturen, Metall

deko Herold
Färbergraben 6
80331 München
Dekorationsfachhandel

Deko Insel
Schleißheimer Straße 72
80797 München
Dekorationen: Verkauf, Verleih, eigene Herstellung

Führer, Werner T.
Kunsthandlung
Falkenturm 8
80331 München
Beschaffung und Einbau antiquarischer Bauelemente

JaDecor
Hauptstraße
56598 Rheinbrohl
Exclusive Natur- und Wandbeschichtungen

Kellner Haus
Augustenstraße 15
80333 München
Vergolderwerkstätte

Reynolds
Mühlenweg 89b
21244 Buchholz
Ständer für Teller, Mineralsteine, Uhren, Münzen etc.

RTH – Restaurierungstechnik U. Höhn
Alzeyer Straße 13
55237 Flonheim
Technischer Werkstattbedarf für Restaurator und Präparator

Sparr, Werner
Postfach 1534
65428 Rüsselsheim
Restaurierungs- und Antikbedarf

stuck modern
Dammin & Co.
Postfach 1423
21614 Buxtehude
Stuck-Dekorationselemente

Stoffe & Tapeten

Designers Guild GmbH
Sendlinger-Tor-Platz 6
80336 München

Galerie Mashallah
Schellingstraße 52
80799 München
Textiles Wohnen

Jostra GmbH
Müllerstraße 2
80469 München
Dekorationsstoffe

Laura Ashley GmbH
Hunsrückenstraße 43
40213 Düsseldorf
Sendlinger Straße 37
80331 München
Stoffe, Tapeten, Accessoires

Münchener Gobelin-Manufaktur-GmbH
Notburgastraße 5
80639 München
Tapisseriestoffe

Nobilis Fontan GmbH
Hedwigstraße 9
80636 München
Diverse Stoffe und Tapeten

Vorwerk & Co
Möbelstoffwerke GmbH & Co. KG
Vorwerkstraße 1-5
95326 Kulmbach
Möbelstoffe

Fußböden & Decken

ASM GmbH
Peter-Henlein-Straße 20
85540 Haar bei München
Integrierte Licht- und Deckensysteme

IDG-Industriedecken Vertrieb GmbH
Kaiserweg 14
85646 Anzing
Holz-, Decken-, Wandverkleidungen, Türelemente, Jalousien etc.

Marazzi Deutschland
Braunfelder Chaussee 31
22177 Hamburg
Boden- und Wandfliesen

Meyer, Fritz
Atelier
Milchstraße 10
81667 München
Bodenausstattung, Innendekoration

Naturböden
»Gasteig«-Naturwaren Handels GmbH
Preysingstraße 15
81667 München
Schadstoffprüfungen, Wolle, Kokos, Sisal, Korkparkett, massives Holzparkett, Linoleum, Naturkleber, -Öle, -Wachse etc.

Ostermann & Scheiwe GmbH & Co.
Postfach 6340
48033 Münster
Fußbodendielen und Deckenbalken

Vorwerk & Co
Teppichwerke KG
Kuhlmannstraße 11
31785 Hameln

Möbel & Accessoires

Anno Dom
Stilmöbel GmbH & Co. KG
Hinterm Schloß 15
32549 Bad Oeynhausen
Reproduktionen alter Möbel

Die Einrichtung
Beringer und Koettgen GmbH
Briennerstraße 12
80333 München
Möbel- und Innenausbau

Domicil
Postfach 1155
76356 Weingarten

Domus Möbel
Grünwalder Weg 21
82008 Unterhaching
Möbel, Wohnkultur

Flechtatelier Schütz
Bürgermeister-Prell-Straße 18
96215 Lichtenfels
Rattanmöbel

Ital Barock
Landsberger Straße 291
80687 München
Stilmöbel und Leuchten

Kare
Die zwei Wohnsinnigen
DESIGNHAUS
Augustenstraße 10
80333 München
CITYHAUS
Sendlinger Straße 35
80331 München
WORKHAUS
Augustenstraße 10
80333 München
LANDHAUS
Lindwurmstraße 76
80337 München

Laura Ashley
Hunsrückenstraße 43
40213 Düsseldorf

ligne roset
Isartorplatz 5
80331 München
Die Verbindung von Leben und Wohnen

Maison
Internationale Einrichtungen GmbH & Co. KG
Hinterm Schloß 15
32549 Bad Oeynhausen

Wasa Massivholz GmbH
Hauptstraße 68
67715 Geiselberg

Keramik & Glas

Aktiengesellschaft Norddeutsche Steingutfabrik
Steingutstraße 2
28759 Bremen

Buchtal
Keramische Betriebe GmbH
Postfach 49
92521 Schwarzenfeld

Das Glashaus
Josephspitalstraße 1
80331 München
Alles aus Glas

Deutsche Spezialglas AG
Postfach 80
31073 Delligsen
Historische Gläser für Restaurierungen, farbiges Flachglas

Kamratowski
Schustehrusstraße 18
10585 Berlin
Reproduktionen aus Glas und Messing nach alten Mustern

Villeroy & Boch
Keramische Werke KG
Postfach 10120
66693 Mettlach
Porzellan, Keramiken, Boden- und Wandfliesen

Beleuchtung

Antike Lampen
Georgenstraße 50
80799 München
Petroleumlampen und Lampenschirme, »Böhmische Kristall-Lüster«

Bakalowits München
Odeonsplatz 1
80539 München
Kristallüster, Objektbeleuchtung aus eigenen Werkstätten

deffner & Johann
Mühläcker Straße 13
97520 Röthlein
HAROLUX-Atelierleuchten mit True-Lite-Röhren, Arbeitsleuchten, UV-Leuchten etc.

Der Lampenschirm
Tal 35
80331 München
Elegante, rustikale und moderne Leuchten aus eigener Werkstätte, Sonderanfertigungen und Neubeziehungen

Kremer Pigmente
Barerstraße 46
80799 München
Atelier-Leuchten mit Tageslichtröhren

PP-Peter Pich Lichtgestaltung
Talangerstraße 3 (Hof)
82152 Krailling
Design, Lichtplanung, Systeme und Unikate, künstlerische Lösungen

Armaturen & Beschläge

LBB Antiquitäten und Zubehör GmbH
Neckargartacher Straße 94
74080 Heilbronn
Reproduktionen von Beschlägen und sonstigem Zubehör

Spezialwerkstätten Prange
Eppendorfer Baum 12–14
20249 Hamburg
Reproduktion und Bearbeitung von Messingbeschlägen

Vorberg GmbH
Parkstraße 6
82149 Gröbenzell
Badezimmerarmaturen

Englischsprachige Werke und Bezugsquellen (eine Auswahl)

The Dover Bookshop #
18 Earlham Street, London WC2H 9LN
Einschlägige und Schablonierbücher

The Dover Pictorial Archive Series
Gillon, E.V. Jnr., Cartouches and Decorative Small Frames
Gillon, E.V. Jnr., Decorative Frames and Borders
Griesbach, C.B., Historic Ornament, a Pictorial Archive
Eleanor Hasbrouck Rawlings, Découpage
Klimsch, K., Florid Victorian Ornament
Knight, F., Scroll Ornaments of the Early Victorian Period
Pugin, A.C., Pugin's Gothic Ornament
Pyne, W.H., Rustic Vignettes for Artists and Craftsmen
Rowe, W., Art Deco Spot Illustrations

Sonstige nützliche Werke
Amery, C., Period Houses and their Details, Architectural Press 1974
Durant, S., Ornament, Macdonald 1986
Jones, O., A Grammar of Ornament, Omega Facsimile reprint 1989
Lloyd, N., History of the English House, Architectural Press Facsimile reprint 1983
Thornton, P., Authentic Decor, Weidenfeld and Nicolson 1984

Malerwerkzeuge & -materialien

Bollom, J.W.
13 Theobald's Road
London WC1X 8FN

Ausstellungsraum:
314-6 Old Brompton Road
London SW5 9JH
Allgemeiner Malbedarf, Hersteller von Pervalac-Krakeleemittel, Emulsionen in Palettenfarben

Brewer, C.
327 Putney Bridge Road
London SW15 2PG
Allgemeiner Malbedarf, Filialen in ganz Südostengland

Brodie and Middleton Ltd. #
68 Drury Lane
London WC2B 5SP
Malerpinsel, französischer Emaillack, Leime, Metallpulver, Anstrichfarben, Pigmente, Farbpulver

Cornelissen and Son Ltd. #
105 Great Russell Street
London WC1B 3RY
Knochenleim, Pinsel, Vergoldungsmaterial, Gummiarabikum, Pigmente, Hasenleim

Craig & Rose plc.
172 Leith Walk
Edinburgh EH6 5EB
Blattgold, farbloser Extra-Mattlack, Vergolderleim, Spezialpinsel, transparente Öllasur; Farbenhersteller; landesweit Fachgeschäfte

Crown Berger Europe Ltd.
P.O. Box 37
Crown House
Hollins Road
Darwen
Lancashire BB3 0BG
Sortiment von über 600 Farbabstufungen für Innen- und Außenanstriche

Daler-Rowney Ltd. #
12 Percy Street
London W1A 2BP
Künstlerbedarf inklusive Acetat, Acrylgesso, Künstleracrylfarben, Künstlerölfarben, Gouache, Farbpulver, Schablonenpapier, Transferblattmetall

Green & Stone #
259 King's Road
London SW3 5ER

19 West Market Place #
Cirencester
Gloucestershire GLZ 2AE
Künstlerbedarf inklusive Acrylharzlacke, Spezialpinsel, Kaseinfarben, Reißlack, Gesso und

Gessofarben, Gummiarabikum, Leinöl, Farbpulver, Schellack, Schabloniermaterial, transparente Öllasur

Habberley Meadows, W. Ltd.
5 Saxon Way
Chelmsley Wood
Birmingham B37 5AY
Künstlerpinsel, Farben und Vergoldungsmaterial

Heffer, F. A., & Sons Ltd.
24 The Pavement
London SW4 0JA
Spezialpinsel

Keep, John T., & Sons Ltd. #
15 Theobald's Road
London WC1X 8FN
Krakeleemittel, Farbpulver, Schellack, Spezialpinsel, transparente Öllasur, Universalabtönpasten

Lyn Le Grice Stencil Design Ltd.
53 Chapel Street
Penzance TR18 4AF
Schablonierbücher, Zubehör und Materialien; Schablonierkurse

Milner, E., Oxford Ltd.
Glanville Road
Cowley
Oxford OX4 2DB
Allgemeiner Malbedarf inklusive Reißlack, Spezialpinsel, transparente Öllasur, Universalabtönpasten

Myland, John #
80 Norwood High Street
London SE27 9NW
Künstlerpinsel, Knochenleim, französischer Emaillack, Weißwachs, Öllacke, Emulsionen in Palettenfarben (auch Erdfarben), Pigmente, Farbpulver, Hasenleim, Tripel, Schellack, transparente Öllasur, Universalabtönpaste

Paper and Paints #
4 Park Walk
London SW10 0AD
Viele Spezialfarben, Dekorationsmaterialien und ein Sortiment an »historischen« Farben; Farbabstimmungsservice

Ploton, E., (Sundries) Ltd. #
273 Archway Road
London N6 5AA
Künstlerbedarf inklusive Acetat, Acrylgesso, Acryllack, Künstleracrylfarben, Künstlerölfarben, Reißlack, Gouache, Gummiarabikum, Metallpulver, Spezialpinsel, Transferblattmetall

Potmolen Paint
27 Woodcock Industrial Estate
Warminster
Wiltshire BA12 9DX
Spezialfarben inklusive Leimfarben, Vergoldungsmaterial, traditionelles Material

Ratcliffe, J. H., & Co. (Paints) Ltd. #
135a Linaker Street
Southport PR8 5DF
Pinsel und Maserungswerkzeuge, transparente Öllasur

Robertson and Co. Ltd.
1a Hercules Street
London N7 6AT
Künstlerölfarben, Bronzepulver, Tinten, Lacke, Aquarellfarben

Simpsons Paints Ltd.
122-4 Broadley Street
London NW8 8BB
Blattgold, Spezialpinsel, transparente Öllasur

Stevenson, Stuart R.
68 Clerkenwell Road
London EC1M 5QA
Künstler- und Vergoldungsmaterial

The Paint Service Co. Ltd.
19 Eccleston Street
London SW1 91X
Spezialpinsel, transparente Öllasur, Lacke

Ward, Lewis, & Co.
128 Fortune Green Road
London NW6 1DN
Spezialpinsel inklusive Omega, Whistler und ausländische Marken

Architekturerhaltung

Die folgenden Adressen sind exzellente Fundgruben von wiederverwertetem Stilzubehör, alten Möbeln und seltenen »Einmalgebrauchsgegenständen«.

Architectural Antiques
Savoy Showrooms
New Road
South Molton
Devon EX36 4BH
Bäder und Badezimmermobiliar, offene Kamine und Einfassungen, Pub-Einrichtungen, Vertäfelungen, Treppen

Architectural Heritage
Taddington Manor
Taddington
Near Cutsdean
Cheltenham
Gloucestershire GL54 5RY
Offene Kamine und Einfassungen, Stilvertäfelungen mit diversen Hölzern und Farbglas

Bailey's Architectural Antiques
The Engine Shed
Ashburton Industrial Estate
Ross-on-Wye
Herefordshire HF9 7BW
Gemeißelter Marmor, offene Kamine, handgemalte Fliesen, Glasmalerei, Badezimmer

Cantabrian Antiques and Architectural Furnishings
16 Park Street
Lynton
North Devon EX35 6BY
Badezimmer und Zubehör, Gebälk, Türausstattungen, offene Kamine, Marmoreinfassungen und Holzvertäfelungen; seltene Artikel

Havenplan Ltd.
The Old Station
Station Road
Killamarsh
Sheffield S31 8EN
Architekturmobiliar inklusive Kirchenmöbel, Türen, offene Kamine und Vertäfelungen

London Architectural Salvage Company
St. Michael and All Angels
Mark Street
London EC2A 4ER
Bad- und Küchenmöbel sowie Zubehör, Keramik, Türen, Fensterläden, Bodenbeläge, Beleuchtungen, Metallwaren, Türmobiliar, Vertäfelungen und Schnitzereien, Treppen, Spindeln

Robertson and Partners
Jodrell Street
Nuneaton
Warwickshire CV11 5EH
Türen, Bodenbeläge und Treppen aus alten Häusern

Solopark
The Old Railway Station
Station Road
Pampisford
Cambridge CB2 4HB
Architekturantiquitäten, abgebeizte Kiefertüren, Bodenfliesen

The House Hospital
68 Battersea High Street
London SW11 3HX
Bäder und Badezimmermobiliar, Messingzubehör, Gußeisenheizkörper, Türen, offene Kamine, Spindeln

Thornton, Andy Architectural Antiques Ltd.
Ainleys Industrial Estate
Elland
West Yorkshire HX5 9JP
Gußeiserne Bäder, Böden, offene Kamine, Kirchenbänke, Drehtüren

Walcot Reclamation Ltd.
108 Walcot Street
Bath
Avon BA1 5BG
Traditionelle Architekturantiquitäten

Stoffe & Tapeten

Booth, Joanna
247 King's Road
London SW3 5EL
Antike Textilien inklusive Wandteppiche, Kissen und Vorhänge; auch Holzschnitzereien, frühe Eichenmöbel, alte Zeichnungen

Colefax and Fowler
39 Brook Street
London W1Y 2JE
Stoffreproduktionen und Tapeten (18. und 19. Jh.), Polstermöbel, dekorative Accessoires

Gallery of Antique Costume & Textiles
2 Church Street
London NW8 8ED
Antike Textilien inklusive Kleidermode, Vorhänge, Mobiliar, Behänge, Nadelarbeit, Quilts, Meßgewänder und Gobelins

Greenwood, Judy, Antiques
657 Fulham Road
London SW6 5PY
Antike Textilien inklusive Paisleymode und französische Vorhänge und Quilts (19. Jh.)

Hartwright, Danielle
Antique Textiles
Liberty's of Regent Street
Regent Street
London W1R 6AH
Antike Aubusson-Vorhänge und Blenden

Karls #
6 Cheval Place
London SW7 1ES
Schwedische Stoff- und Tapetenreproduktionen; nur Versand; Einzelhandelsliste anfordern.

Laura Ashley
Customer Services
Braywick House
Braywick Road
Maidenhead
Berkshire SL6 1DW
Stoffsortiment in Stil- und Bauernart sowie Tapeten; landesweit Verkaufsstellen

Ornamenta Ltd.
PO Box No 784
London SW7 2TG
Trompe l'œil und handbemalte Tapetendekors, zugeschnitten

Osborne & Little
304-308 King's Road
London SW3 5UH
39 Queen Street
Edinburgh EH2 3NH
Großes Sortiment an original zeitgenössischen und klassischen Stoffen, Tapeten, Borten; Liste von Fachgeschäften anfordern: Head Office, Osborne & Little, 49 Temperley Road, London SW12 3QE

Rare Carpets Gallery
45 Fernshaw Road
London SW10 0TN
496 King's Road
London SW10 0LE
Handgefertigte antike und zeitgenössische Teppiche, Antikmöbel und -textilien

Arthur Sanderson & Sons Ltd.
52 Berners Street
London W1P 3AD
Handbedruckte Tapeten, aufeinander abgestimmte Tapeten, Bordüren, Stoffe und Voile; Bettwäsche, Teppiche und Farben

Souleiado
171 Fulham Road
London SW3 6JW
Provenzalisch bedruckte Baumwolle, Artikel aus Baumwollstoff, Bettwäsche und Tischwäsche

Stothert & Miles Ltd.
8 Holbein Place
London SW1W 8NL
Reproduktionen von Textilien/Stoffen im

Bauernhausstil (18. und 19. Jh.)

The Design Archives
79 Walton Street
London SW3 2HP
Vorhangmaterial, Polsterstoffe und Tapeten nach Originalvorlagen (17., 18. und 19. Jh.)

Thorp, Bernard
6 Burnsall Street
London SW3 3ST
Schablonenhanddrucker und Weber, spezialisiert auf alte Farbmuster auf vielfältigem Stoffangebot

Timney Fowler
388 King's Road
London SW3 5UZ
Zeitgenössisches Sortiment schwarzer und weißer Möbelstoffe, Tapeten und Bordüren im klassizistischen Stil

Warner Fabrics plc.
7-11 Noel Street
London W1V 4AL
Traditionelle und zeitgenössische bedruckte und gewebte Stoffe sowie Wandbehänge

Watts & Co.
7 Tufton Street
London SW1P 3QE
Reproduktion von Stoffdesigns (18. und 19. Jh.) inklusive Goldtuch; auch handbedruckte Tapeten, Quasten, Vorhangschlaufen, Borten; Fachgeschäftsliste anfordern

Bodenbeläge

Amtico
17 St. George Street
London W1R 9DE
Hersteller von Qualitäts-Vinylbodenfliesen für Heim und Gewerbe; siehe z.B. S. 37, 41, 63 und 141; Info über Verkaufsstellen und Vertragslieferanten anfordern

Castlenau Tiles
15 Church Road
London SW13 9HR
Keramik- und Terrakottafliesen

Fired Earth
Middle Aston
Oxfordshire OX5 3PX
Handgefertigte Boden- und Wandfliesen

Paris Ceramics
543 Battersea Park Road
London SW11 3BL
Europäische Traditionskeramik inklusive Antik-Terrakotta (aus französischen Bauernhäusern) und Steinböden

Möbel & Accessoires

Antike, zeitgenössische und Reproduktionsware

Alexander, David, Antiques
102 Waterford Road
London SW6 2HA
Möbel und Accessoires sowie Architektonisches (16.-18. Jh.)

Allen, Nick, Consultancy
Ground Floor Studio
80b Battersea Rise
London SW11 1EH
Vielseitiges Sortiment von Stahlmöbeln; Auftragsarbeiten; Studio-Kollektion auch bei The Studio, 6 Cale Street, London SW3 3QU

Allison, Philip, Antiques & Decorative Arts
The Furniture Cave
533 King's Road
London SW10 0TZ
Antike und Stilmöbel aus Eiche und Mahagoni sowie Accessoires

Andipa, Maria, Icon Gallery
162 Walton Street
London SW3 2JL
Ikonen aus aller Welt, Bauernmöbel und Öllampen

Antiquarius
(Banjarah Tent, Chelsea Clocks and Antiques, Persiflage)
131–141 King's Road
London SW3 5ST
Antikmöbel, dekorative Accessoires und Uhren

Antique Designs Ltd.
277 Lillie Road
London SW6 7PN
Möbel verschiedener europäischer Stile von Biedermeier bis Art deco

Antiquus
90–92 Pimlico Road
London SW1W 8PL
Objekte, Gemälde, Möbel von der Antike bis zum 19. Jh.

Armelin, K., Antiques
592 King's Road
London SW6 2DX
Englische und französische Stilmöbel (18. und frühes 19. Jh.)

BDI
The Furniture Cave
533 King's Road
London SW10 0TZ
Englische und kontinentale Ziermöbel; auch bauliches Zubehör, Skulpturen und antike Möbelstoffe

Bellis, Mary, Antiques
Charnham Close
Hungerford
Berkshire RG17 0EJ
Qualitätseichenmöbel und Kunstgegenstände (16. und 17. Jh.)

Brown, Jean
The Furniture Cave
533 King's Road
London SW10 0TZ
Ziermöbel, vorwiegend 19. Jh., Kunstgegenstände und kleine Architekturteile

Browns
The Furniture Cave
533 King's Road
London SW10 0TZ
Möbel, Spiegel, Drucke und sonstige dekorative Artikel aus der georgianischen, viktorianischen und der Zeit Edwards

Carless and Gray
608 King's Road
London SW6 2DZ
Seltene Antik- und Stilziermöbel sowie Accessoires

Decorative Living
55 New King's Road
London SW6 4SE
Antik- und Kolonialstilmöbel; auch seltene dekorative Accessoires sowie Beleuchtung

Edwards, Charles
582 King's Road
London SW6 2DY
Dekorative Antikmöbel, Bilder und Beleuchtungskörper

Five Five Six Antiques
556 King's Road
London SW6 2DZ
Wunderschöne seltene Objekte, Möbel und Gemälde - antik und zeitgenössisch

Gage, Robin
Unit 7, The Talina Centre
23a Bagleys Lane
London SW6 2BW
Reproduktionen französischer, italienischer und klassizistischer Dekor-Accessoires (18. und 19. Jh.)

Graham & Green
4&7 Elgin Crescent
London W11 2JA
Antik-, Stil- und zeitgenössische dekorative und nützliche Accessoires; auch Möbel, Keramik, Glas, Textilien und Beleuchtung; Broschüre erhältlich

Griffiths, Elizabeth
Clockwork Studios
38 Southwell Road
London SE5 9PG
Künstlerische Herstellung von Pappmaché-Gefäßen

Hirst Antiques
59 Pembridge Road
London W11 3HN
Antikbetten mit vier Pfosten und halbem Himmel, Ziermöbel und -objekte

Lacquer Chest
71&75 Kensington Church Street
London W8 4BG
Großes Sortiment auserlesener, antiker Objekte inklusive Möbel, Glas, Gemälde und Töpferei

Ligne Roset
132 Shaftesbury Avenue
London W1V 7DN
Großes Sortiment zeitgenössischer Polsterungen und Schranksysteme mit ergänzendem Zubehör und Beleuchtung

Marriott, Michael, Ltd.
588 Fulham Road
London SW6 5NT
Möbel (18. und 19. Jh.) und dekorative alte Drucke

Midgley, Michael, and Carolyn Cusk Ltd.
13 Hewer Street
London W10 6DU
Handbemalte Stilmöbel (18. und 19. Jh.) und Accessoires

Miles, Richard, Antiques
8 Holbein Place
London SW1W 8NL
Antikmöbel und dekorative Accessoires von Regency »Gothic« bis Kolonial-Anglo-Indisch aus exotischen Hölzern

M.S.M. Antiques
The Furniture Cave
533 King's Road
London SW10 0TZ
Antik- und Stilmöbel, dekorative Accessoires, Stoffe, offene Kamine und Beleuchtungen aller Stilrichtungen

Neal Street East
5 Neal Street
London WC2H 9PU
Haushalts- und Kochgeräte, Beleuchtungen, Textilien, Bücher aus dem Orient

Oggetti
101 Jermyn Street
London SW1Y 6EE
Großes Angebot an zeitgenössischen Objekten und Accessoires mit hochwertigem Design

Old Pine
594 King's Road
London SW6 2DX
Individuell gemalte Antikmöbel französischer und englischer Herkunft

Quinn, Barrie, Antiques
3–4 Broxholme House
New King's Road
London SW6 4AA
Sortiment von Antikmöbeln, Spiegeln, dekorativem Zubehör und Keramikblumenschalen

Rogier Antiques
20a Pimlico Road
London SW1W 8LJ
Europäische Antik- und Stilobjekte im Stil der Provence; auch gemalte, vergoldete und gelackte Arbeiten

Russell, Edward, Decorative Accessories Ltd.
18–20 Scrutton Street
London EC2A 4RJ
Hersteller dekorativer Accessoires und Lampen

Santa Fe Trading Post
334 Bruton Place
London W1X 7AA
Traditionell gefertigte zeitgenössische Kiefernwaschtische, handgemalte Kerzenständer

Savage, David, Furnituremakers
21 Westcombe
Bideford
North Devon EX39 3JQ
Zeitgenössische handgefertigte und mit Naturölen und -wachsen polierte Möbel aus europäischen Harthölzern

Stapleton, Serena, Antiques
75 Lower Richmond Road
London SW15 1ET
Ziermöbel, Bilder und Kunstgegenstände (18. und 19. Jh.)

The Dining Room Shop
62-4 White Hart Lane
London SW13 0PZ
Alles für das Eßzimmer inklusive Möbel, Porzellan und Glas

The General Trading Company Ltd.
144 Sloane Street
London SW1X 9BL
Haushaltsmobiliar, Porzellan, Glas, Wäsche und Papierwaren aus aller Welt inklusive antiker und orientalischer Artikel

Themes and Variations
231 Westbourne Grove
London W11 2SE
Zeitgenössische Möbel, dekorative Accessoires und Beleuchtung

Tobias & the Angel
68 White Hart Lane
London SW13 0PZ
Zeitgenössische und alte (ländliche und viktorianische) dekorative Accessoires, Möbel, Gartenzubehör, Küchengeräte, Beleuchtungen und Stoffe

Weston, David, Ltd.
44 Duke Street
London SW1Y 6DD
Globen, wissenschaftliche Instrumente und diverse Schiffsantiquitäten

Wilkinson, Mark
27 High Street
Bromham
Chippenham
Wiltshire SN15 2HA
Möbeldesigner (nach Maß) und Hersteller von Küchen, Schlaf- und Badezimmern; weitere Verkaufsstellen nachfragen

Woollens, Oscar, Ltd.
81–85 Hampstead Road
London NW1 2PL
Moderne Möbel von europäischen und amerikanischen Spitzendesignern

Young, Robert
68 Battersea Bridge Road
London SW11 3AG
Englische und sonstige europäische alte Bauernmöbel, dekorative Accessoires und Bestände von Naiver und Volkskunst

Glas & Keramik

Beverly
30 Church Street
London NW8
Alte und zeitgenössische Glas- und Keramikarbeiten, speziell Art nouveau und Art deco; auch Metallarbeiten

Dennis, Isobel
Clockwork Studios
38 Southwell Road
London SE5 9PG
Schöne zeitgenössische, von Hand bearbeitete Keramikschalen mit Frucht- und Blumenornamenten

Jonathan Horne (Antiques) Ltd.
66c Kensington Church Street
London W8 4BY
Spezialisiert auf frühenglische Töpfereiwaren (17.–19. Jh.), große Bestände von Fliesen (18. Jh.)

Lalique
24 Mount Street
London W1Y 5RB
Importe und Großhandel von Lalique-Kristall und Christofle-Silber

Phillips West Two
10 Salem Road
London W2 4DL
Kunstauktionatoren mit 44 Filialen

The Perfect Glass Shop
5 Park Walk
Fulham Road
London SW10 0AJ
Moderne, traditionelle und antike Glaswaren; Gravierungen und Reparaturen

Townsends (London) Ltd.
1 Church Street
London W1R 9DE
Viktorianische Kacheln

Beleuchtung

Casimir, Jack, Ltd.
23 Pembridge Road
London W11 3HG
Antikbeleuchtungen (16.–19. Jh.), Kaminzubehör, Metallwaren

Cochrane, Fergus, Antiques
570 King's Road
London SW6 2DY
Antikbeleuchtungen: Wandleuchten, Kerzenhalter, Lüster, Kerzenständer, Lampensockel

Jones Antique Lighting
194 Westbourne Grove
London W11 2RH
Beleuchtungen von 1860–1960; Tisch-, Wand- und Deckenleuchten, Glasschirme

Lumineres Ltd.
at Remember Antiques
68 Stanhope Road
St Albans
Hertfordshire AL1 5BL
Stil-Messingwandlampen und Griffin-Tischlampen

McCloud & Co. Ltd. #
269 Wandsworth Bridge Road
London SW6 2TX
Dekorative Metallarbeiten, Stil- und zeitgenössisches Design für Möbel und Beleuchtungen aus patiniertem Stahl und anderem Material

Russell, Edward, Decorative
Accessories
18-20 Scrutton Street
London EC2A 4RJ
Handgefertigte Lampenschirme und Holzlampensockel; Illusionsmalerei, Trompe l'œil, Aquarelliertes

Tempus Stet Ltd.
Trinity Business Centre
305-309 Rotherhithe Street
London SE16 1EY
Stilbeleuchtungen und -spiegel in diverser Ausführung; Fachgeschäftsliste anfordern

Wray's, Christopher, Lighting Emporium
600 King's Road
London SW6 2DX

Metallarbeiten

Freud
198 Shaftesbury Avenue
London WC2H 8JL
Zeitgenössische Stahlkerzenständer, Sortiment an Stahlmöbeln

Ikon Corporation
B5L Metropolitan Wharf
Wapping Wall
London E1 9SS
Zeitgenössisches Zubehör aus Aluminium

Place, Peter, Antiques
636 King's Road
London SW6 2DU
Antik- und Stil-Eisenlüster und Wandleuchten; auch Keramiken und dekorative Bauernartefakte (19. Jh.)

The Light Shop
34–48 Turnham Green Terrace
London W4 4PL
Zeitgenössische Metallkerzenständer

Formteile & Nutzholz

Daler-Rowney Ltd. #
12 Percy Street
London W1A 2BP
Hersteller von Linkrustafriesen und -sockeln

Harmer, E.J., & Co. Ltd.
19a Birbeck Hill
London SE21 8JS
Stuckarbeiten aller Stilepochen

Jackson, George, & Sons
Unit 19
Mitcham Industrial Estate
Streatham Road
Mitcham
Surrey CR4 2AJ
Stuckarbeiten und Compositiondetails von Formteilen des 18. Jh.

Locker & Riley Ltd.
Capital House
Bruce Grove
Wickford
Essex SS11 8DB
Hersteller und Einrichter von Faserstuckgipsarbeiten aller Stilrichtungen

Oakleaf Reproductions Ltd. #
Ling Bob Mills
Main Street
Wilsden
Bradford
Yorkshire BD15 0JP
Handgefärbte Qualitätsformteile aus hartem Polyurethanschaum mit detaillierter Holzarbeitornamentik; z.B. Wandvertäfelung S. 68, Fries S. 110

Thames Moulding Company
16b Whytecliffe Road
Purley
Surrey CR2 2AU
Historisch genaue Stilformteile

The Newson Group
190 Ebury Street
London SW1 8UP
Großes Sortiment an Dekorationsmaterialien inklusive Nutzholz, Formteile, Türen und Fenster, offene Kamine und Zubehör, Bodenbeläge, Stuckarbeiten, Rohrleitungen sowie Dekorationswerkzeuge, -material und -zubehör; Katalog erhältlich

Gemälde & Drucke

ARC Prints and Frames
26 North Street
London SW4 0HB
Dekorative Reproduktionsdrucke (17.–19.Jh.), speziell Architektur; Fachservice für Rahmungen

Blackburn, Norman
32 Ledbury Road
London W11 2AB
Alte Drucke (1600–1860) in Stilrahmen

Corporate Fine Art
24 Cale Street
Chelsea Green
London SW3 3QU
Schöne Antikdrucke und -karten, speziell London

Crane Gallery
171a Sloane Street
London SW1X 9QG
Hochwertige amerikanische und britische Volkskunst

Stern Art Dealers
46 Ledbury Road
London W11 2AB
Großer Bestand an englischen und sonstigen europäischen Ölgemälden (19. und Anfang 20. Jh.)

Klempnerzubehör

Hart, C.P., & Sons Ltd.
Newnham Terrace
Hercules Road
London SE1 7DR
Hochwertige Bad- und Küchenprodukte in traditionellem und zeitgenössischem Stil

Sitting Pretty Ltd.
131 Dawes Road
London SW6 7EA
Traditionelle und klassische Badezimmer, Zubehör inklusive Ablagen, Handtücher und handgemalte Spiegel

Register

G

H

I

J

K

L

M

N

O

P

Q

R

S

Danksagung

Stylistin (Einrichtungen und Zubehör)
Lucinda Egerton

Dekorationsmalerinnen
Unter Leitung von
Erin Sorensen:
Jane Higginbottom
Julia Last
Sophie Lightfoot
Sarah Mander

Danksagung des Autors
Ich möchte Michael Crockett für seine Geduld und sein Verständnis sowie dem Redaktionsteam von Dorling Kindersley – Rosie, Steve, Mark und Sarah – danken, die anderthalb Jahre alles für dieses Projekt getan haben. Auch ein Dankeschön an Simon Kenny für seine Beaufsichtigung der Außenarbeiten, während ich an diesem Buch schrieb – und ganz besonders an meinen Herausgeber, David Lamb, der die Idee zu diesem Buch hatte und alle Schwierigkeiten aus dem Weg räumte. Und schließlich möchte ich mich bei meiner Frau für ihre Geduld, Hilfe und ihr Verständnis bedanken.

Dorling Kindersley
möchte sich gerne bei den folgenden Personen bedanken: Katherine Townshend für ihre Unterstützung bei der Fotografie, Crown Paints für die Belieferung mit Farbe, The Newson Group für das Holz und anderes Material, Brian's Props & Locations für den Transport sowie Sarah Whelan und The Stylists für zusätzliches Styling. Des weiteren bei Hilary Bird für das Register, bei Liza Bruml, Josephine Buchanan, Ruth Carim, Heather Dewhurst, Lesley Ellis, Claire Mitchison und Roger Smoothy für ihre Unterstützung beim Text sowie Michel Blake und Teresa Solomon für die Produktion.

Bezaubernde Gestaltungsideen

Bill Laws
Landhaus-Träume
Die schönsten Ideen für Einrichtung und Gestaltung rund ums Haus
Der Zauber ländlicher Wohnkultur: die schönsten Landhäuser von England bis USA, von Skandinavien bis Griechenland – mit vielen Farbfotos, typischen Gestaltungselementen und der passenden Inneneinrichtung.

Evemarie Brändle/Franz Xaver Wittmann
Sanierung alter Häuser
mit Öko-Tips zu Baustoffen
Neues Wohnen in alten Häusern: das Know-how für die fachgerechte, kostengünstige Instandsetzung wertvoller Bausubstanz, traditionelle Handwerkstechniken und die Berücksichtigung moderner Wohnbedürfnisse.

Heinz Fehnker
Edle Sträuße und Arrangements
Blumenschmuck romantisch, klassisch, modern
100 anspruchsvolle Objekte, die speziell für diesen Bildband entworfen und gekonnt in Szene gesetzt wurden – Sträuße, Gestecke, Tischdekorationen und Raumschmuck für viele Gelegenheiten und jede Jahreszeit.

Jenny Raworth/Susan Berry
Trockenblumen-Arrangements für alle Jahreszeiten
Die schönsten Beispiele zum Nachgestalten
Kreative Ideen, inspirierende Farbfotos und präzise Schritt-für-Schritt-Anleitungen für außergewöhnliche und professionell wirkende Trockenblumen-Arrangements – vom Frühlingsblumenstrauß bis zum Adventskranz.

Rosemary Verey
Gartentore
Die schönsten Gartentore aus aller Welt – romantische und eindrucksvolle Varianten, deren Botschaft sich dem Betrachter in besonders schönen Motiven vermittelt.

Mirabel Osler
Gartenbänke
Eine Reise durch Gärten mit besonders schönen Gartenbänken – Inspiration für jeden Gartenbesitzer, solche zauberhaften Plätze zum Besinnen und Genießen im eigenen Garten zu schaffen.

Malcolm Hillier
Blütenkränze und Girlanden
Dekorative Objekte aus frischen und getrockneten Blumen für alle Jahreszeiten und für verschiedene Gelegenheiten – mit Tips zur geeigneten Pflanzenauswahl, Werkzeugen, Materialien und den Grundtechniken des Blumensteckens.

Gerda Nissen
... und füllt mein Herz mit Freude
Aus meinem Gartentagebuch
Erlebnisse und Erfahrungen rund um den Garten mit stimmungsvollen Farbfotos – informative, unterhaltsame und nachdenkliche Reflexionen zu ganz alltäglichen Situationen im Leben eines Hobbygärtners.

Im BLV Verlag finden Sie Bücher zu folgenden Themen: Garten und Zimmerpflanzen • Natur • Heimtiere • Jagd • Angeln • Pferde und Reiten • Sport und Fitneß • Tauchen • Reise • Wandern, Bergsteigen, Alpinismus • Essen und Trinken • Gesundheit, Wohlbefinden, Medizin

BLV

Wenn Sie ausführliche Informationen wünschen, schreiben Sie bitte an:
BLV Verlagsgesellschaft mbH • Postfach 40 03 20 • 80703 München
Telefon 089/12705-0 • Telefax 089/12705-543